灌区高效用水技术集成与示范

李金山　孙秀路　贾艳辉　等著

黄河水利出版社

·郑州·

内 容 提 要

全书共分9章,主要内容包括绪论、引黄灌区浑水低压管道防淤输送技术、引黄灌区高效地面灌技术、灌溉信息化监测技术、灌溉决策技术、节水灌溉适应性评价技术、高效地面灌技术在引黄灌区中的应用、地下水安全监测技术在三江平原上游水稻灌区中的应用、信息化技术在华北井灌区中的应用,为现代化灌区提供了技术支撑。

本书基于多年的灌区高效用水技术研究成果,总结整理了目前适用的技术及应用案例,可供灌区用水方向的科技人员阅读参考。

图书在版编目(CIP)数据

灌区高效用水技术集成与示范/李金山,孙秀路,贾艳辉,等著. —郑州:黄河水利出版社,2021. 10
ISBN 978-7-5509-3127-5

Ⅰ.①灌… Ⅱ.①李… Ⅲ.①灌区-水资源利用-研究-中国 Ⅳ.①S274

中国版本图书馆 CIP 数据核字(2021)第 213796 号

组稿编辑:王路平 电话:0371-66022212 E-mail:hhslwlp@ 126. com
田丽萍 66025553 912810592@ qq. com

出 版 社:黄河水利出版社 网址:www. yrcp. com
地址:河南省郑州市顺河路黄委会综合楼 14 层 邮政编码:450003
发行单位:黄河水利出版社
发行部电话:0371-66026940、66020550、66028024、66022620(传真)
E-mail:hhslcbs@ 126. com
承印单位:广东虎彩云印刷有限公司
开本:890 mm×1 240 mm 1/32
印张:5.375
字数:160 千字
版次:2021 年 10 月第 1 版 印次:2021 年 10 月第 1 次印刷
定价:50.00 元

前　言

　　我国人口数量大,耕地面积有限,水资源短缺,无论是过去、现在,还是未来,粮食安全都始终是我国的头等大事。灌区农业生产对于保障国家粮食安全和维持社会稳定具有重要的作用,中国灌溉农业耕地面积已达到耕地总面积的50%,生产的粮食作物和经济作物产量分别超过全国总产量的75%和90%,是区域经济发展的重要支撑。但是,由于我国大部分灌区位于水资源短缺地区,水资源严重不足,制约着农业生产和农村经济的持续稳定发展。在水资源短缺的同时,又存在着严重的水资源浪费现象。中华人民共和国成立以来,经过几代水利人的埋头苦干,灌排事业得到了长足发展,有效保障了国家粮食安全。目前,全国高效节水灌溉面积只占灌溉面积的1/3,有2/3的农业耕作面积未使用高效节水技术,地面灌溉仍然是灌区主要灌水技术,改进和完善地面灌溉技术、实现高效灌溉对提高灌区水资源利用率有重要作用。黄河水含沙量高带来的管道堵塞是制约灌区管道输水推广的难题,合理的泥沙处理技术及合适的管道水力性能参数是确保低压管灌或管渠结合灌溉在引黄灌区应用的前提。解决黄河水易堵塞管网的灌溉难题,提高灌区输配水效率,可以为引黄灌区管道灌溉提供技术支撑。

　　信息技术作为新的生产力,对国民经济的高速发展和现代化建设具有举足轻重的地位和巨大推动作用。农业信息化已成为农业现代化的重要内容和标志,没有农业信息化就没有农业现代化。灌溉作为农业的重要环节,也迫切需要实现信息化。

　　结合上述问题,本书在引黄输水技术、波涌灌技术、灌区信息技术等方面开展了深入研究,科研成果在多个灌区进行了示范应用。全书共分9章,主要内容包括绪论、引黄灌区浑水低压管道防淤输送技术、引黄灌区高效地面灌技术、灌溉信息化监测技术、灌溉决策技术、节水灌溉适应性评价技术、高效地面灌技术在引黄灌区中的应用、地下水安全监测技术在三江平原上游水稻灌区中的应用、信息化技术在华北井灌区中的应用,为现代化灌区提供了技术支撑。

本书主要撰写人员有李金山、孙秀路、贾艳辉等,姚欣、孙浩、段福义、韩启彪、刘杨、马春芽、冯亚阳等同志也参与了本书的撰写。科研成果示范应用过程中得到了运城市尊村引黄灌溉管理局、黑龙江宝山农场、河南省人民胜利渠管理局等单位的大力支持和帮助。另外,本书在撰写过程中还引用了大量的参考文献。在此,谨向为本书的完成提供支持和帮助的单位、研究人员和参考文献的原作者表示衷心感谢!

由于作者水平有限,书中存在的不妥之处,敬请读者朋友批评指正。

作　者

2021 年 7 月

目　录

第 1 章　绪　论

　　我国人口数量大,耕地面积有限,水资源短缺,所以无论是过去、现在,还是未来,粮食安全都始终是我国的头等大事。正因为如此,中华人民共和国成立以来,经过我国几代水利人的埋头苦干,灌排事业得到了长足发展,有效保障了国家粮食安全。

　　我国灌溉面积达 11.1 亿亩(1 亩 = 1/15 hm^2,全书同),居世界第一,其中耕地灌溉面积 10.2 亿亩,占全国耕地总面积的 50.3%。全国已建成大型灌区 459 处,中型灌区 7 300 多处。灌区承担着保障国家粮食安全和社会稳定的任务,以 50% 的耕地面积,生产占全国总产量 75% 的粮食和 90% 以上的经济作物,是区域经济发展的重要支撑,灌区是实现流域、区域水资源合理配置、开发利用和节约保护的主要手段之一。2020 年数据显示:我国农业用水 3 682.3 亿 m^3,占用水总量的 61.2%。随着经济社会的发展以及世界范围内人口的增长,对农业生产来说,资源对生产开始产生制约效应,且越来越明显。

　　中华人民共和国成立以来,我国灌溉事业得到了迅速发展,发展历程大体分为三个阶段。

　　1. 发展起步阶段(新中国成立到 20 世纪 70 年代末)

　　从中华人民共和国成立初期到 1978 年,以抗御干旱灾害为主要目标,大力开发灌溉水源,兴建灌区和灌溉设施,灌溉面积发展呈现单边扩张快速发展,年均增长 110.8 万 hm^2,是年均灌溉面积增长最快的时期。建设完成万亩以上灌区 5 322 处,占目前我国万亩以上灌区总数的 68%。1949~1978 年全国农田有效灌溉面积见图 1-1。

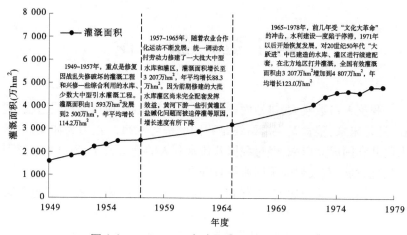

图 1-1 1949~1978 年全国农田有效灌溉面积

2.体制改革制约下的徘徊期(20 世纪 80 年代初到 90 年代末)

1978 年后我国实施改革开放政策,农业生产体制和财政体制发生了较大变化,全国耕地灌溉面积从 1981 年开始下降,到 1985 年的 5 年间净减少 94.0 万 hm²。1990 年以后,特别是在 20 世纪末出现粮食问题后,党和政府逐步加大了对农业和水利的投入,农田灌溉事业进入了工程恢复、结构调整和管理改革新的发展时期,灌溉面积重新有了恢复性增长。全国农田有效灌溉面积从 1978 年的 4 807 万 hm² 增加到 1998 年的 5 340 万 hm²,年均净增加 26.7 万 hm²,是灌溉面积年均增长最少的时期。

1978~1998 年全国农田有效灌溉面积见图 1-2。

3.以节水挖潜促发展时期(21 世纪以来)

随着社会经济快速发展,水资源供需矛盾日趋尖锐,同时灌溉设施老化失修严重,用水浪费,严重制约了农业发展和国家粮食安全。1998年党的十五届三中全会提出,把推广节水灌溉作为一项革命性措施来抓。国家增加投入,启动实施大中型灌区续建配套与节水改造,大力发展节水灌溉,通过节水挖潜支撑灌溉发展用水需求。全国耕地灌溉面积由 1998 年的 5 340 万 hm² 增加到 2019 年的 6 868 万 hm²,年均增长

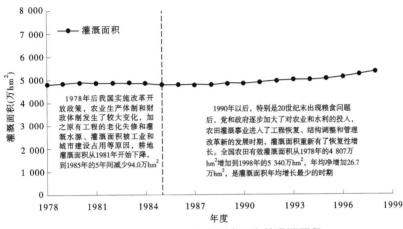

图 1-2　1978~1998 年全国农田有效灌溉面积

72.8 万 hm^2；节水灌溉面积由 1 526 万 hm^2 增加到 3 706 万 hm^2，年均增长 106.4 万 hm^2。由于用水效率提高，灌溉用水总量基本没增加，一直维持在 3 400 亿 m^3 左右。1998~2019 年全国农田有效灌溉面积见图 1-3。

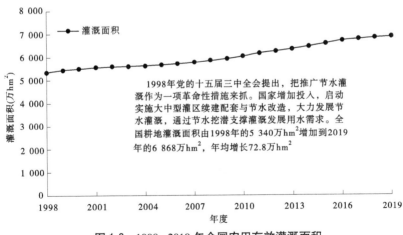

图 1-3　1998~2019 年全国农田有效灌溉面积

中华人民共和国成立以来，我国灌溉发展取得了重大成就，灌排工程设施网络基本建立,"靠天吃饭"成为过去。2017 年底,全国灌溉面积达到 750 万 hm²,居世界首位,其中耕地灌溉面积 6 868 万 hm²,占全国耕地总面积的 50%。全国形成了大、中、小型工程有机结合的基本灌排工程网络,显著增强了抗御水旱灾害的能力。但是在灌水技术和灌区管理方面仍然存在提升的空间,如灌溉水利用系数低、地面灌溉还是主要灌溉方式、灌溉自动化信息化水平有待提高等问题。

节水灌溉发展使得我国灌溉水利用系数从 20 世纪 80 年代不足 0.3 提高到 2000 年的 0.44,2010 年进一步提高到 0.50,2020 年灌溉水利用系数提高到了 0.559。由于节水灌溉工程建设,如渠道衬砌、低压管道等建设减少了从水源到农田输水损失量,因此灌溉效率明显提高。2010 年华北地区的灌溉水利用系数平均为 0.6,变化范围为 0.5~0.9,为我国灌溉水利用系数最高的区域。但是我国的灌溉水利用系数还远低于发达国家的 0.7~0.8,由此可见,我国节水灌溉技术水平还远远满足不了当前国家农业的发展需求,所以发展节水灌溉技术是缓解水资源短缺、提高农业经济效益的国家重要战略举措。

目前,全国高效节水灌溉面积(喷灌、微灌、低压管道等)2 264.087 万 hm²,只占灌溉面积的 1/3,有 2/3 的农业耕作面积未使用高效节水技术,地面灌溉仍然是灌区的主要灌水技术,改进和完善地面灌技术、实现高效灌溉对提高灌区水资源利用率有重要作用。黄河水含沙量高带来的管道堵塞是制约灌区管道输水推广的难题,合理的泥沙处理技术及合适的管道水力性能参数是确保低压管灌或管渠结合灌溉在引黄灌区应用的前提。解决黄河水易堵塞管网的灌溉难题,提高灌区输配水效率,为引黄灌区管道灌溉提供技术支撑。

信息技术作为新的生产力,对国民经济的高速发展和现代化建设具有举足轻重的地位和巨大推动作用。农业信息化已成为农业现代化的重要内容和标志,没有农业信息化就没有农业现代化。灌溉作为农业的重要环节,也迫切需要实现信息化。目前,科技人员在旱情监测、灌溉预报、灌溉决策、自动水肥一体化灌溉等灌溉的环节上有很多单项的成果,也在应用中取得了良好的效果。诸多信息技术如互联网、物联网、无线传感、云计算、大数据等的发展,为农业信息化发展奠定了良好的基础。

　　基于以上问题,作者在引黄输水技术、波涌灌技术、灌区信息技术等方面开展了深入研究,取得了一些科研成果,并在多个灌区进行了示范应用。

第 2 章 引黄灌区浑水低压管道防淤输送技术

黄河水含沙量高带来的管道堵塞是制约灌区管道输水推广的难题,合理的泥沙处理技术及合适的管道水力性能参数是确保低压管灌或管渠结合灌溉在引黄灌区应用的前提。

本章以提高灌区管网输水效率为目标,围绕管网中水沙运动特性,开展水力计算,分析浑水在输水中的运移规律。应用泥沙运动力学原理探讨临界不淤流速计算公式,通过模型试验分析浑水管道水沙运动规律。在理论分析的基础上,进行灌区管道输水工程技术模式研究,解决黄河水易堵塞管网的灌溉难题,提高灌区输配水效率,为引黄灌区管道灌溉提供技术支撑。

2.1 模型试验研究

本节内容主要是针对浑水低压管道输水灌溉泥沙淤积堵塞问题,系统分析对比含沙量和输水管径等因素对浑水低压管道输水临界不淤流速的影响,运用泥沙动力学理论,基于悬移质能量理论基础上,通过建立浑水管道阻力损失与管道流速之间的关系,推导出简单、实用、满足低压管道输水灌溉工程设计要求的临界不淤流速的计算公式,对低压管道输水灌溉工程技术在浑水(多泥沙)水源灌区推广应用具有重要意义。

黄河发源于青海省巴颜喀拉山,穿过日月山和乌鞘岭后,进入地质、地貌独特的黄土高原区。黄土高原广布黄土,厚达 50~80 m,陇东、陕北厚达 150 m,最厚的地方达 200 m。黄土的机械组成大部分是粉粒(中值粒径为 0.04~0.06 mm),其含量占总土量的 50%,且质地均匀,组织疏松,缺乏团粒结构,土粒间赖以胶结的碳酸钙极易在水中分解;受气候等自然条件的影响,该地区坡陡沟深,径流冲刷严重,加之过度开发,地表植被少,造成黄河干流水中含沙量大和颗粒细两大特点。且黄河水中泥沙含量随季节变化,根据多年系列资料可知,年平均最大含沙量发生在 8 月,见表 2-1。

表 2-1　天然黄河水含沙量

月份	4	5	6	7	8	9
含沙量(kg/m^3)	1.061	1.861	4.426	9.705	11.826	3.672

在黄河水中,历来以含有大量细粉泥沙著称于世,其化学成分主要以 SiO_2、Al_2O_3、Fe_2O_3 三种化合物为主,具有较强的吸附作用,易附着在输水管路上,引起淤积堵塞。引黄灌溉时,浑水防淤输送是研究的重点。

2.1.1　试验布置

参照灌区管道实际铺设情况,在新乡市中国农业科学院农田灌溉研究所开展管网浑水输送模型试验,采用 UPVC 材质透明管材铺设环形管网,管径为 DN110;试验前在管道钻孔接气密接头,以备后期压力及水样测定,各取样点布置及间距如图 2-1 所示,实际效果见图 2-2。

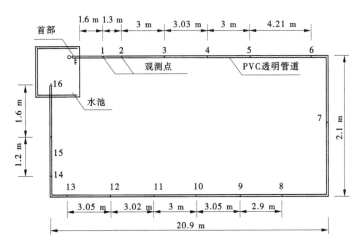

图 2-1　观测点位置示意图

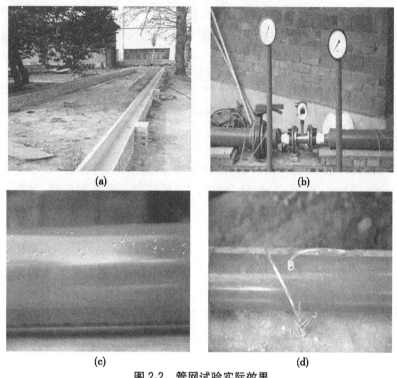

图 2-2　管网试验实际效果

　　试验中所用泥沙是从尊村引黄灌区输水渠道中取得的沉积泥沙,经激光粒度分布仪(BT-9300H,丹东百特仪器有限公司)测算后得到泥沙的粒度分布如图 2-3 所示,中值粒径 $d_{50}=0.45$ mm。根据黄河多年来沙情况及尊村灌区运行实际,共设计进行了 4 组不同含沙量试验,分别为 1 kg/m³、5 kg/m³、10 kg/m³、20 kg/m³。试验中浑水体积质量分别为 1.00 kg/m³、1.01 kg/m³、1.02 kg/m³、1.03 g/cm³,泥沙体积质量为 2.65 g/cm³。

　　金同轨等(1989)研究表明,黄河水含沙量与浊度有关,其一般关系式为

$$T = f(S_0, C_w) \tag{2-1}$$

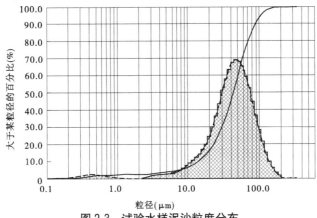

图 2-3　试验水样泥沙粒度分布

在通常情况下，沙浊比（C_w / T）大，泥沙颗粒粗，反之则细。金同轨等利用黄河上、下游不同河段泥沙进行测定，由此得出了具体的关系式为

$$T = 764(S_0^{0.70} \cdot C_w)^{1.024} \qquad (2\text{-}2)$$

式中：T 为浊度，NTU；S_0 为比表面积，m^2/g；C_w 为含沙量，kg/m^3。

金同轨等认为此式可适用于黄河全河段，鉴于试验中含沙量难以取样测定，故在本试验中采用测量浊度的方法以间接反映含沙量的大小。

试验前先向水池中加入清水，开启水泵使管道系统运行一段时间，待水池水位稳定，流量计、压力表正常工作后再开始试验。该试验中流量采用电磁流量计测定，阻力损失用压力表和压差计观测，管道浑水取样用浊度计测定沿程浊度变化，管道底部泥沙沉积采用目测及量测泥沙沉积弧段长的方式测定。通过闸阀和分水管调节流量来控制试验流速，并自大到小调节，4 组含沙量则通过分次加入的方法，由小到大进行调节。

试验时向水池内加入一定量的泥沙，管道闸阀全开使水泵在大流量下运行，待各仪表正常、系统稳定一段时间后，调节闸阀使管道流量由大至小变化，记录两个特定流量下（40 m^3/h 与 20 m^3/h）沿程阻力损失，并同时从管道钻孔处用量杯取出水样以测量浊度。当流量小到一定程度时，通过目测法观察管中水沙运动情况，以判断泥沙不淤积的临界状态;当管道底部开始出现条带状的沉积泥沙颗粒时,记录此时的流量,再通过流量—流速公式(如下)计算该流量下的临界不淤流速。

$$Q = 3\ 600vA \tag{2-3}$$

式中:Q 为流量,m^3/h;v 为流速,m/s;A 为管道面积,m^2。

待第一组小含沙量测试完成后,加大闸阀开启度使管道系统在大流量下运行,经过一段时间后,再向水池加入一定量的泥沙,此时含沙量为两次加沙量之和。然后重复前面的过程,直至完成第二组大含沙量的试验。如此往复,即可得到不同含沙量下的临界不淤流速、沿程阻力损失测试结果。

2.1.2 试验结果分析

为了防止在浑水低压管道输水过程中因泥沙沉积而造成管道的淤堵,便提出了临界不淤流速的概念,然而对于临界不淤流速的定义,却不尽相同。高桂仙(1994)的观点是泥沙开始出现落淤时,管中断面的平均流速就是临界不淤流速;周维博等(1994)认为保证含沙水流所挟带的泥沙能够稳定地随水流输运而不在管道中淤积时的管道水流最低的平均流速称为临界不淤流速;何武全(2007)、张英普(2004)等的观点是管道中泥沙出现明显推移质运动时的断面平均流速称为临界不淤流速。安杰等(2012)认为,当管道中泥沙在管底呈线形较慢推移前进而未出现成堆淤积时,管中断面的平均流速为临界不淤流速。

目测法可直观观测泥沙在管道中的运动形式,特别是泥沙的淤积过程,虽受人为因素影响较大,但通过透明有机玻璃管道观测浑水泥沙沉降淤积情况,根据临界不淤流速定义判定临界不淤状态,可以方便地通过测定流量求出临界不淤流速。本试验中采用此种方法。

特定流量下管网中浑水沿程浊度如图 2-4、图 2-5 所示。由图可以看出,同一种流量下,管道中浑水浊度随着含沙量的增高而增高;而同一种含沙量下,沿程浊度随着流量的增大而增大;这是由于在大流量情况下,泥沙不容易沉积而混在水中随水流动,故所取水样的浊度大,也说明水体中含沙量高,管道底部沉积量少。整体来看,浑水浊度在管道沿程呈现下降趋势,说明泥沙在管道沿程随着离水源处距离的增大而不断沉积。

图 2-4　流量为 20 m^3/h 时不同含沙量下管道沿程浊度

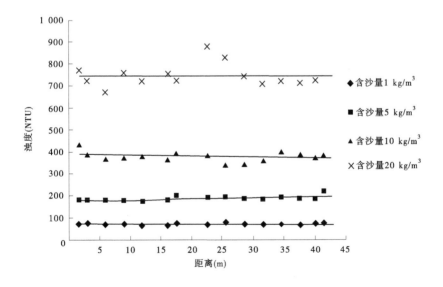

图 2-5　流量为 40 m^3/h 时不同含沙量下管道沿程浊度

　　图 2-6~图 2-9 是不同含沙量下管网中浑水沿程浊度。由图可以看出,在含沙量较低的情况下,在管道前半段的浑水浊度是小流量下高于大流量下,而管道后半段是大流量下高于小流量下,说明在接近浑水

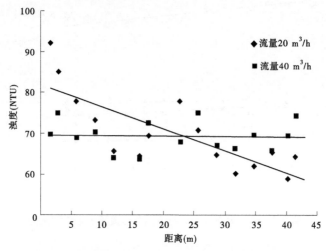

图 2-6　含沙量为 1 kg/m³ 时不同流量下管道沿程浊度

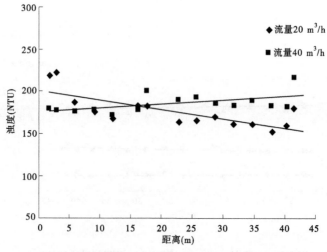

图 2-7　含沙量为 5 kg/m³ 时不同流量下管道沿程浊度

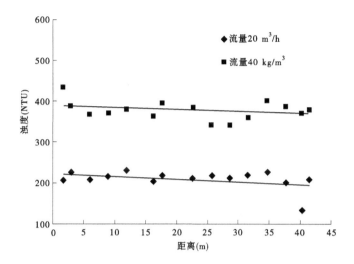

图 2-8　含沙量为 10 kg/m³ 时不同流量下管道沿程浊度

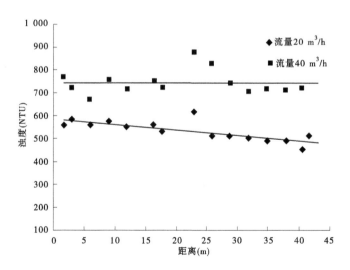

图 2-9　含沙量为 20 kg/m³ 时不同流量下管道沿程浊度

源处,小流量下泥沙更不易沉积,而在远离浑水源处,大流量则有利于冲沙;不过随着含沙量的进一步加大,管道沿程浊度在大流量下进一步增高,且随着含沙量的增高而增高,说明在水源含沙量大的情况下,加大流量能够起到防止管道淤积的作用。

图 2-10 是不同含沙量及流量下,测点处泥沙沉积沿管道所形成的弧长。由图 2-10 可以看出,在低含沙量大流量情况下,管道底部泥沙沉积弧长要低于高含沙量小流量情况,但不是很明显,主要是因为目测不够准确,量测手段有待改进;从整体上看,底部泥沙沉积弧长在管道沿程呈现下降趋势。

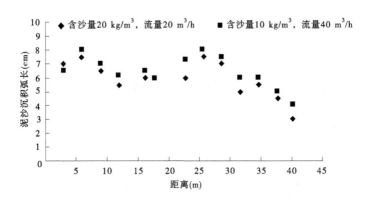

图 2-10　不同含沙量和流量下管道底部泥沙沉积弧长

试验中通过目测法得到临界不淤积状态下,四组含沙量相对应的不淤流量值约为 20 m³/h、30 m³/h、35 m³/h、40 m³/h,经式(2-3)计算得到不淤流速,结果如表 2-2 所示。

2.1.3　临界不淤流速经验公式的建立

管道临界不淤流速指保证含沙水流挟带的泥沙能稳定地随水流输运而不致在管道中淤积时的管道水流最低平均流速。目前,在浑水低压管道输水灌溉工程设计中,由于缺乏相关计算依据,其临界不淤流速多借用有关管道固体颗粒输送的临界不淤流速公式计算确定,最常用的是 B. C. 克诺罗兹公式：

表 2-2　目测法得到的临界不淤流速

含沙量 （kg/m³）	管道直径 （mm）	管道面积 （m²）	不淤流量 （m³/h）	不淤流速 （m/s）
1			20	0.584 591
5			30	0.876 887
10	110	0.009 5	35	1.023 035
20			40	1.169 182

当 $d_p \leqslant 0.07$ mm 时

$$v_L = 0.2\beta\left(1 + 3.43\sqrt[4]{C_d D_L^{0.75}}\right) \tag{2-4}$$

当 0.07 mm$<d_p\leqslant0.15$ mm 时

$$v_L = 0.255\beta\left(1 + 2.48\sqrt[3]{C_d}\sqrt[4]{D_L}\right) \tag{2-5}$$

式中：d_p 为泥沙平均粒径，mm；v_L 为临界不淤流速，m/s；β 为相对密度修正系数，$\beta=(\rho_g-1)/1.7$；ρ_g 为泥沙相对密度；C_d 为含沙量（重量百分比）；D_L 为临界管径。

低压管道输水灌溉中一般泥沙含量相对较小，且细颗粒含量多，与固体颗粒管道输送的情况差异较大，因此采用 B. C. 克诺罗兹公式计算误差较大。浑水管道临界不淤流速即管底不出现沉积物时的最小平均流速，是浑水管网系统流速校核的依据。张英普等（2010）认为管道临界不淤流速主要与含沙量、泥沙容重、管径和泥沙粒径有关。本研究中管道临界不淤流速的试验流速由大到小、含沙量由小到大进行，不同含沙量条件下的临界不淤流速试验观测结果如表 2-3 所示。结合已有的试验资料和研究成果，借鉴前人经验公式，通过回归分析，可得尊村灌区浑水管道临界不淤流速的经验公式为

$$U_c = 0.182\,94 S_v^{0.184\,7}\omega^{1/2}\sqrt[4]{gd\frac{\rho_s-\rho}{\rho}} \tag{2-6}$$

式中：U_c 为临界不淤流速，m/s；S_v 为含沙体积比，L/m³；ω 为泥沙自由沉降速度，m/s；g 为重力加速度；d 为管径，mm；ρ_s 为泥沙密度，g/cm³；

ρ 为浑水密度，g/cm^3。

表 2-3　经验公式计算得到的临界不淤流速

含沙量 （kg/m³）	含沙 体积比 S_v（L/m³）	泥沙自由 沉降速度 ω（m/s）	重力 加速度 g（m/s²）	泥沙密度 ρ_s （g/m³）	浑水密度 ρ （g/m³）	临界不淤 流速 U_c（m/s）	不淤流量 （m³/h）
1	0.377 358 491				1	0.666 893 76	22.8
5	1.886 792 453	0.447 1	10	2.65	1.01	0.894 161 665	30.6
10	3.773 584 906				1.02	1.012 237 742	34.6
20	7.547 169 811				1.03	1.145 922 787	39.2

　　通过表 2-2 和表 2-3 对比可知，该经验公式计算得到临界不淤流速与实测值较为接近，故可为尊村引黄灌区设计低压管道最小流量时提供参考。

　　通过低压浑水管道输水防淤堵技术试验，并结合尊村灌区管灌工程实践，可知根据水沙运动规律试验所得的临界不淤流速经验公式适合于含沙量小于 100 g/kg 的灌区。浑水管道水力计算和流速校核应根据水源泥沙情况，采用符合引水沙限的浑水管道计算公式，切不可采用清水公式和管道输送计算公式。浑水渠灌区管道输水系统的淤堵问题应从工程规划设计和运行管理两方面着手解决，在规划设计阶段，应根据工程实际情况，结合经验公式，采取行之有效的防淤堵措施，在运行管理过程中，也应该建立并严格执行防淤堵运行管理制度。

2.2　引黄低压管道输水防淤积措施

2.2.1　低压管道输水淤积成因及形式

　　在无调节的多泥沙河流引水的渠灌区发展低压管道输水灌溉时，由于水中一般含有大量的作物秸秆、柴草及泥沙等，运行中很容易造成管道淤积堵塞，影响管网系统的正常运行，严重时会导致管网系统瘫痪，致使管道灌溉工程不能发挥应有的效益。根据灌区浑水低压管道

输水灌溉工程实例分析,管道淤积的原因有多种,主要有以下几种:

(1)管径设计不合理,管内流速为淤积流速。在设计中,有时为了加大管道过水量保险系数,管径选择偏大,流速小于不淤流速;有时管道过设计流量时流速为不淤流速,而平常运用时流量小,流速也小于不淤流速;有时设计时灌水制度按轮灌设计,而实际运行时按续灌供水运用等。所有这些都有一个共同特点,就是管内流速为淤积流速,导致管内产生淤积。

(2)管道本身质量差,施工质量差。有些管道质量不好,糙率大,实际不淤流速偏大;有些管道施工时接头连接不好,有突出棱角,例如承插式管道连接处,没插到头,造成连接处过水断面突然增大,流速降低;管道铺设遇到软弱地基时因地基处理不好,管身断裂或使用中管材破碎,进入泥土;有的管道拐弯处剧烈急变等。这些都有可能使管道产生淤积。

(3)工程管理原因。一是灌区运行时不按照设计的灌溉工作制度运行,随意关小闸阀,致使管道内输水流量降低;二是一般低压输水管道处于田间,配套建筑物多为开敞式,管理困难,加上农村"重建轻管"严重,人为因素造成工程淤积;三是有时因拦污栅、沉砂池、排污孔等建筑物失效,大量泥沙与漂流物进入管道,甚至大石子、卵石进入,造成管道淤积。

2.2.2　尊村灌区低压管道输配水防淤措施

2.2.2.1　工程措施

浑水输水管网应满足管道水流速大于临界不淤流速的要求,以防止管道中产生淤积现象。实践证明,引黄灌区已满足输沙条件设计的管道系统和冲淤措施,达到了防淤要求,可以保证管道不会淤塞。控制管道流速主要取决于管径选择和设计流量两个因素。这两个因素在管网规划设计中主要体现在管网的管径上。

(1)管径的设计与管网设计流速有关。清水低压管道系统设计时,管道流速一般按经济流速设计,浑水输水时,为防止灌溉运行过程中管道产生淤积,各级管道的流速应大于其临界不淤流速。从不淤流速的经验公式可以看出,临界不淤流速与水源含沙量及泥沙颗粒级配、管径、流量等有关。因此,不淤流速的计算,关键在于计算参数的选择。

（2）管网设计流量是灌溉系统设计的重要参数。在相同管径条件下,流量越大管道流速越大,因此在泥沙、管径一定的情况下,不淤流速的控制取决于管网设计流量。不同的灌溉季节作物灌水时间、需水量等不同,其管网流量也不同。清水灌溉条件下,一般以管网最大流量作为设计流量,通过经济流速确定管径。而在浑水条件下,管道流速越大对控制不淤越有利,当管径一定时,流量越小,流速越小,此时最小流量是控制管道不淤流速的关键。因此,对浑水输水管道,不淤流速的控制应以管网最大流量设计、最小流量校核。

此外,还可以配置附属设施以加强防淤积效果。例如,在管道进水口设置拦污栅及拦污网等,防止水中的作物秸秆、柴草等漂浮物进入管道;在管道进水口设置拦沙坎,防止推移质及颗粒较大的泥沙进入管道;在主管道的末端及最低处设置排水阀,用于冲沙排沙或灌溉结束后放空管道。

2.2.2.2　管理措施

1. 灌溉制度

灌溉制度严格上需根据气象条件按照作物需水规律进行制定,可按下述公式进行计算。

灌水定额：$\qquad m = 10.2\gamma h(\beta_1 - \beta_2)/\eta \qquad$ (2-7)

灌水周期：$\qquad\qquad T = (m/W) \times \eta \qquad$ (2-8)

式中：m 为设计灌水定额,mm；γ 为土壤干容重,g/cm³；h 为计划湿润层深度,cm；β_1 为适宜土壤含水率上限,取 $0.95\beta_{田}$（$\beta_{田}$ 指田间持水量）；β_2 为适宜土壤含水率下限,取 $0.65\beta_{田}$；η 为灌溉水利用系数,低压管道灌溉要求不低于0.8；T 为设计灌水周期,d；W 为作物日需水量,mm/d。

2. 运行维护

每年灌溉季节开始前,需检查水泵、闸阀、过滤器是否正常。对地埋管道进行检查、试水,保证管路畅通,浇地时先开放水口,后开机泵,改换放水口时先开后关;浇地结束时先停机泵,后关放水口。放水口处容易冲刷成坑,可建固定的水池,也可以临时用草袋、麻袋等缓冲水流。

阀门启闭要缓慢进行,开要开足,关要关严,需要同时开启多处阀门时,先开口径较小、压力较低的阀门,后开口径大、压力高的阀门。关闭阀门时,先关高压端的大阀门,后关低压阀门;机泵停用期间,关闭所有放水口,以防杂物堵塞管道;使用中要经常检查管道沿线,发现地面淹湿渗水,要及时挖开处理;灌溉结束后要将输配水管网冲洗干净,排空积水,并关闭阀门或堵头,及时对田间软管进行回收,妥善保管,对阀门井、排水井和给水栓进行安全保护,防止损坏。

2.3　本章小结

　　近年来,管道输水技术在我国发展迅速,使得我国的低压管灌技术取得了较大进展。随着管道输水灌溉技术的推广,引黄灌区低压管道输浑水灌溉技术也逐步发展起来,但由于输浑水灌溉引用的是挟沙水流,其高含量的泥沙容易造成输送过程中管道的淤积问题。

　　本书主要是针对浑水低压管道输水灌溉泥沙淤积堵塞问题,通过模型试验和理论分析的研究方法,以透明管网模型试验为依据,系统分析对比水源含沙量和输水流量等因素对浑水低压管道输水临界不淤流速的影响;用泥沙动力学理论,基于悬移质能量理论基础,确定低压管道浑水输送不淤流速,借鉴前人研究成果建立经验公式,并通过田间调研以探讨灌区低压管道防淤措施。经验公式简单、实用,能满足低压管道输水灌溉工程设计要求,防淤措施易于操作、切实可行,对低压管道输水灌溉技术在尊村引黄灌区的推广应用具有重要意义。

第 3 章　引黄灌区高效地面灌技术

地面灌是灌区主要灌水方式,改进和完善地面灌技术、实现高效灌溉对提高灌区水资源利用率有重要作用。课题采用试验和模拟等方法,针对引黄灌区主要经济作物,对畦灌相关参数展开研究,确定关键技术参数及其对灌溉水有效利用系数的影响,统筹考虑田间泥沙输送问题,优化引黄灌区经济作物地面灌水技术参数,为构建引黄灌区高效地面灌水技术模式提供参考依据。

3.1　试验区概况

3.1.1　试验区地理位置

尊村引黄灌区地处运城涑水河盆地,南靠中条山,西临黄河,东至闻喜吕庄,北与小樊、夹马口灌区相邻,东西长 145 km,南北宽 30 km,受益范围涉及永济、临猗、夏县、盐湖、闻喜等五县(市、区)38 个乡(镇)596 个行政村,农业人口 74.14 万人,总土面积 1 799 km²,占运城市水地面积的 1/10,历来是山西省重要的粮、棉生产基地。试验点位于山西省运城市楚侯乡黄仪南村,海拔 386 m,110°50′E、35°03′N,试验区位于尊村引黄灌区五级站的有效灌溉面积范围内。

3.1.2　试验区基本情况

尊村引黄工程是山西省最大的以黄河水为水源的集防汛、灌溉、排涝、供水于一体的大(1)型综合型水利工程,取水枢纽工程位于山西省永济市西北的黄河小北干流中段的尊村,上距禹门口 78 km,下距潼关54.5 km。该工程兴建于 1976 年,设计规模为九级 31 站,扬程 156 m,总装机容量 6.14 万 kW,提水流量 46.5 m³/s,灌溉面积 166 万亩。目前已经建成九级 24 站,配套面积 84.19 万亩,各级泵站的设计要素和灌溉面积见表 3-1。

表 3-1　各级泵站的设计要素和灌溉面积

项目	进水池设计水位（m）	出水池设计水位（m）	设计流量（m³/s）	地形扬程（m）	干渠长度（km）	分段纵坡	灌溉面积(万亩)	
							控制	有效
一级站	341.55	346.2	46.5	7.5	15.6	1/3 000	166	3.8
二级站	340.76	370.59	40.7	29.83	47.02	1/4 000	156	46.67
三级站	356.33	366.295	22.57	9.23	3.43	1/4 000	80.74	1.72
四级站	356.59	373.7	21.83	9.99	5.87	1/4 000	77.87	3.87
五级站	371.8	386.6	20.35	13.65	19.18	1/4 000	72.24	19.8
六级站	380.815	397.69	13.03	16.88	3.53	1/4 000	43.09	2.97
七级站	395.7	417.63	11.34	21.93	0.74	1/3 500	40.14	3.03
八级站	417.42	427.3	10.52	9.88	6.93	1/4 000~1/3 500	37.11	5.49
九级站	424.992	456.805	3.1	31.81	11.254	1/3 000	11.99	
东下站	361.05	389.05	5.76	27.01	31.633	1/4 000	17.06	11.69
姚温站	349.26	385.46	6.36	35	59.5	1/4 000~1/1 824	16.3	8.55

注:控制面积含本级站控制的面积和下一站控制的面积,有效面积是本级站控制的面积,东下站和姚温站的控制面积已包含在二级站中。

尊村引黄灌区以农业灌溉为主,自 1978 年开机以来,累计提水 21.7 亿 m³,灌溉农田 1 853 万亩次,彻底改变了当地十年九旱的面貌,工农业用水得到保障,引黄灌区内的生产生活条件得到极大改善,为尊村引黄灌区农民增收、农业增产、农村稳定发挥了重要作用。目前,灌区也开辟了城市用水、工业供水、景观供水等多种供水市场,为运城市经济社会发展做出了积极贡献,但这些用水需求同时也挤占了农业用水空间,对当地的节水灌溉发展及供水安全提出了严峻的考验。

就试验区而言,尊村引黄灌区五级站的供水方式为泵站抽水、管道输水、田间渠道过水的管渠结合的灌溉供水方式,该区的主要灌溉方式为畦灌,灌溉水源为黄河水和井水两种水源。为了研究尊村引黄灌区管渠灌溉水沙分布规律,在进行试验时,所选畦田的供水水源为黄河水,且是长期只进行引黄灌溉的畦田。试验区的主要种植作物为果树、小麦、玉米等,其中果树为当地的主要经济作物,也是当地农民农业收入的主要来源。

3.1.3　试验区气象

试验区气候属于暖温带大陆性气候,该区四季分明,春季气候干旱多风,夏季降雨量较多且降水集中,秋季天气多连续阴天、降雨,冬季雨雪较少。试验区光照时间充足,全年平均日照时数 2 271.6 h,日照总辐射量为 0.51 MJ/cm^2。多年平均气温为 13.5 ℃,全年平均最高气温 19.7 ℃。年平均降雨量 508.7 mm,降雨量夏季最多,春、秋次之,冬季最少。常发的天气灾害有干旱、冰雹、暴雨和反热风等。

3.1.4　试验区土壤

对试验区 1 m 内的田间土壤进行颗粒分析,试验区表层土壤(0~40 cm)为粉砂质黏壤土,由于多年进行引黄灌溉,地表土壤有所沙化,40 cm 以下土壤为重黏土或粉砂质黏土,分析结果见表 3-2。试验点的土壤田间持水量为 21%,土壤容重为 1.5 g/cm^3。

表 3-2　实验区土壤质地

土层深度（cm）	粒组划分(%)			土壤质地名称（国际制）
	黏粒（<0.002 mm）	粉粒（0.002~0.02 mm）	砂粒（0.02~2 mm）	
0	13.92	73.38	12.70	粉砂质壤土
0~10	24.08	69.76	6.16	粉砂质黏壤土
10~20	21.80	70.64	7.56	粉砂质黏壤土
20~30	24.34	63.19	12.47	粉砂质黏壤土

续表 3-2

土层深度（cm）	粒组划分(%)			土壤质地名称（国际制）
	黏粒（<0.002 mm）	粉粒（0.002~0.02 mm）	砂粒（0.02~2 mm）	
30~40	26.64	58.56	14.80	粉砂质黏土
40~50	95.72	4.28	0	重黏土
50~60	29.60	65.54	4.86	粉砂质黏土
60~70	81.77	18.23	0	重黏土
70~80	40.68	58.47	0.85	粉砂质黏土
80~90	84.26	15.74	0	重黏土
90~100	93.95	6.05	0	重黏土

3.2　试验材料

试验材料选择当地的主要经济作物苹果树,树龄 6 年左右。试验于 2015 年 5 月开展,试验年限为 2 年。试验区的引水方式为管渠结合的形式,所用灌溉水通过梯级泵站由直径 20 cm 的管道输送至各田块,然后由人工修建的宽 50 cm、高 40 cm 的 U 形渠道输送至田间。试验区是井渠结合灌区,农户既可以用井水灌溉,也可以用黄河水灌溉,主要灌水方式为畦灌,为了研究尊村引黄灌区的田间水沙分布规律,试验田选择为有多年引黄灌溉历史的畦田。畦田布置示意图如图 3-1 所示。

黄河泥沙主要来自黄河中游黄土丘陵沟壑区,黄河水在不同的季节和时间其泥沙级配不同,在试验进行中需要对引入畦田的黄河水的泥沙颗粒级配进行测量。在不同的灌水时间,从引黄管道在田间的出水口取得水样,分析水样中泥沙颗粒组成,测量结果见表 3-3。

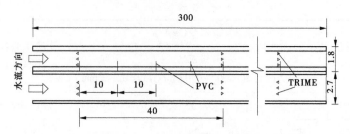

注:图中距离单位为 m;TRIME 指时域反射仪塑料管的埋设处。

图 3-1　畦田布置示意图

表 3-3　灌溉水中泥沙颗粒组成

粒径编号	小于某粒径的百分含量(%)										
	1	0.5	0.25	0.125	0.062	0.031	0.016	0.008	0.004	0.002	0.001
20150619	100.00	99.87	98.80	95.83	86.63	68.27	48.63	31.33	17.53	8.30	3.43
20150730	100.00	100.00	99.93	99.93	97.87	87.03	69.77	48.27	28.20	13.83	5.67
20160620	100.00	100.00	99.43	98.50	88.83	64.50	40.43	22.53	11.30	5.23	2.20
20160710	100.00	100.00	99.63	97.13	85.27	62.87	45.83	31.63	18.40	9.03	3.80

注:粒径大小单位为 mm,样品编号为取样时间,如 20150619 指的是 2015 年 6 月 19 号取得水样。水样测量单位为黄河水利委员会基本建设工程质量检测中心。

3.3　试验设计

3.3.1　田间水沙分布试验设计

　　为了研究引黄灌溉水中的田间水沙分布规律,试验选择畦田长度为 300 m,畦田宽度分别为 2.7 m 和 1.8 m 两种规格的畦田。果树种植于畦垄处。根据文献(费良军,1999),影响田面水沙分布的主要因素为灌水定额和田面水流流速,畦田宽度对水分分布影响不大,故本节将两条不同宽度的畦田看作重复试验,设定单宽流量为 9.26 L/(s·m)。

在试验进行期间,畦田进行了多次灌水。灌水前测量并控制入畦流量,试验进行时观测水温、水深等参数,观测灌溉水在田间的水流推进与消退,并取水样分析灌溉水中含沙量及其粒径级配的变化。灌水前1天、灌水后1天分别测量土壤体积含水率。灌水结束后测定田面沉积泥沙量和泥沙的分布状况。

3.3.2 灌水技术试验设计

为了对尊村引黄灌区的畦灌技术要素进行分析,在试验区内选取了3种坡度的9块畦田进行田间试验。试验田均用黄河水灌溉,种植作物为苹果树。试验主要借助 WinSRFR 软件对灌水时的地表水流运动进行分析,通过田间实测数据和数值模拟的方法对灌区的畦灌技术进行研究与评价。试验主要测量参数有畦灌的水流推进与消退,灌溉进行时畦田的水深、水温、畦田坡度、改水成数、入畦流量、灌水时长等。试验畦田的基本资料及灌水要素如表3-4所示。

表3-4 试验畦田基本资料及灌水要素

编号	坡度（%）	畦长（m）	畦宽（m）	单宽流量 L/(s·m)	改水成数	灌水时长（h）
1—1	0.1	300	1.8	9.26	0.80	0.80
1—2	0.1	300	2.7	9.26	0.80	0.84
1—3	0.1	300	4	13.89	0.76	0.61
2—1	0.27	170	1.6	10.42	0.91	0.67
2—2	0.27	260	2	16.67	0.92	0.53
2—3	0.27	200	3	18.52	0.85	0.38
3—1	0.58	190	3.1	21.51	0.84	0.23
3—2	0.58	190	3.7	18.02	0.90	0.25
3—3	0.58	261	4.2	15.87	0.85	0.48

3.4　测定方法

3.4.1　土壤基本参数测定方法

3.4.1.1　容重测量

土壤容重是指未受破坏的原状土样的单位体积重量(单位：g/cm³)。土壤容重受土壤质地、紧实度、耕作方法、结构等影响。试验采用环刀法对土壤容重进行测量：在田间挖深度为 100 cm 的测坑，用容积为 100 cm³ 的环刀，自下而上每隔 10 cm 取土壤的原状土样，每层土壤重复取样 3 次，100 cm 土层内的土样容重的平均值作为试验田的土壤容重。

3.4.1.2　土壤质地测量

土壤质地是土壤中不同大小的土壤颗粒的组合情况。土壤质地与土壤的通气性、保水性、保肥性等有密切关系，土壤质地状况是确定土壤改良、田间管理和土地利用的重要依据。不同的国家和地区对土壤粒级的划分有不同的标准，目前主要有以下几个划分类别：国际制、美国制、FAO 制以及中国制土壤质地分类系统，本文采用国际制土壤质地划分标准来确定试验区的土壤质地。在试验中，用土钻取土层深度 0~100 cm 内的土样，每隔 10 cm 取一份土样，自然风干后用激光粒度仪(BT-9300H，丹东百特仪器有限公司)测定土壤的颗粒级配，并根据图 3-2 所示的国际制土壤质地分类三角坐标图(邵明安，2006)查询确定土壤的质地。

3.4.1.3　田间持水量的测量

田间持水量是指土壤中悬着毛管水达到最大时的土壤含水率，是土壤在不受地下水的影响下所保持的水量最大值，它被认为是田间土壤所保持的最大的土壤含水率。当田间土壤含水率达到田间持水量时，继续灌水并不能使田间的持水量增加，只会造成深层渗漏，所以田间持水量也是对田间作物最有效的含水率。田间持水量常被认为是一

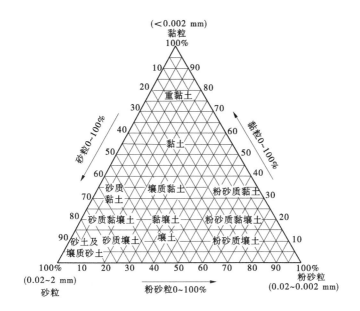

图3-2 国际制土壤质地分类三角坐标图

个常数,用来作为计算灌水定额和灌溉上限的参数,但是田间持水量容易受测定条件的影响,虽然能够在田间进行测量,但却不易再现,因此从严格意义上来说田间持水量并不算是一个常数。目前,并没有精确的仪器可以确定田间持水量。本书采用室内法对试验区的田间持水量进行测量:首先在取样点表面清除杂物后,用铁铲挖长 1 m、宽 1 m、深 1 m 的测坑,用环刀自下而上每隔 10 cm 取原状土样一份,土样经自然风干后过 2 mm 筛,装入另一组无底环刀中压实,并加盖滤纸;随后将原状土样放入容器中加水浸泡 24 h 后,将装有饱和原状土样的环刀从容器中取出,将其放在盖有滤纸、装有风干土样的环刀上,用重物压实,8 h 后,取环刀土样称重、烘干、测量。其计算公式如下:

$$田间持水量 = \frac{湿土样质量 - 干土样质量}{干土样质量} \times 100\% \qquad (3\text{-}1)$$

3.4.2　畦田基本参数测量

3.4.2.1　田间坡度测量

在每条畦田上,用水准仪(广州南方测绘仪器有限公司)每隔10 m测量两点之间的相对高程,通过计算确定畦田的平均坡度。

3.4.2.2　畦田规格测量

在每条畦田中,用卷尺测量畦田的宽度,用皮尺测量畦田的长度,得到畦田规格。

3.4.3　试验内容的测量

3.4.3.1　土壤含水率的测量

沿畦田长度方向,在畦田1—1和畦田1—2中每隔40 m并排埋设三根时域反射仪(Time Domain Reflectometry,TDR)塑料管,三根TDR管的测量结果当作重复处理。每次灌水前一天和灌水后一天,使用TRIME-PICO(IMKO Gmbh,Ettlingen,Germany)测量土层深度0～110 cm土壤的体积含水率,如图3-3所示。并使用Sufer11.0软件绘制灌水前后土壤水分分布等值线图。

注:图中相邻两根 TDR 塑料管之间的距离为 50 cm。

图 3-3　TRIME 与 TDR 管布设效果图

3.4.3.2　流量测控

在畦田 1—1、1—2 进水口处采用巴歇尔槽(B152,南京宝威仪器仪表有限公司)与超声波明渠流量计(BW-1D,南京宝威仪器仪表有限公司)配合使用,把明渠内流量的大小转化成液面水位的高低,测量入畦引黄灌溉水的流量。本试验采用的是国标 4 号巴歇尔槽,设计尺寸为长 1 525 mm、宽 500 mm、高 730 mm,板厚度 1 mm,最大过水流量为 400 m³/h,如图 3-4 所示。在其余各畦田处采用面积流速法超声流量计(DTFX1020,上海迪纳声科技股份有限公司)测量入畦流量。

图 3-4　巴歇尔槽现场安装图

3.4.3.3　田面水流推进与消退测量

在试验中,在进行水流推进与消退观测前,从畦田首端开始,沿畦长方向,每隔 10 m 设 1 个观测点,于畦垄上插 1 根聚氯乙烯标杆。在灌水进行时,用秒表记录水流前锋推至此标杆的时间。灌水结束后测量水流在各标杆附近消退的时间。田面的水流推进反映了灌溉水流从畦田首部到畦田尾部的变化特征,田面的水流消退过程则反映了灌溉水流在田间的入渗过程。由于水流在田间推进过程不可能做到齐头并进,本试验在观测时认为当观测点约 50% 地面被水流前锋淹没时为水流推进到此点。理论上水流的消退时间应为灌溉水从田间完全消失所用的时间,但是由于田间地形的不平整,某些低洼地区的水流消退需要过长的时间,因此实际观测时以田间大部分裸露地面没有积水时为水流消退时间。水流消退时间数据精度较低。

3.4.3.4　水深水温测量

在畦田首部各插一个温度计和水尺,分别测量灌水进行时的水温和入畦水深。每隔 10 min 读取一次读数。

3.4.3.5　水样测定

灌水时,在畦田 1—1、1—2 中,分别于管道出水口、畦田首部、畦田40 m、120 m、200 m、280 m 处各取水样 3 份,2 条畦田各取 1 次,由黄河水利委员会基本建设工程质量检测中心测定引黄水的含沙量和引黄水中的泥沙颗粒级配指标,并根据《土的工程分类标准》(GB/T 50145—2007)划分土粒粒径。其中,平均粒径 $\bar{d}$ (王昌杰,2001)的计算方法如下:

$$\bar{d} = \frac{\sum_{i=1}^{n} \eta_i d_i}{\sum_{i=1}^{n} \eta_i} \tag{3-2}$$

式中:n 为泥沙粒径的组数;d_i 为每组的平均粒径;η_i 为每组沙样品占总样品的百分数。

3.4.3.6　田面沉积泥沙测量

灌水前沿畦田长度方向每隔 40 m 铺设宽 10 cm、长 20 cm 的纱布3 份,用于回收田面沉积泥沙,并通过电子天平测定田面沉积泥沙质量,通过 BT-9300H 激光粒度仪(丹东百特仪器有限公司)测定田面沉积泥沙的颗分,测量结果包括累计粒度分布数据与曲线、区间粒度分布数据与直方图、典型粒径值如 D_3、D_{10}、D_{25}、D_{50}、D_{75}、D_{84}、D_{90}、D_{97}、D_{98}等。对于田面沉积泥沙量,并没有明确的定义,因此本书用单位面积上的田面沉积泥沙质量作为统计田面沉积泥沙量的 1 个指标,即从纱布上收集的泥沙质量除以纱布的面积。

3.4.3.7　水流挟沙力

水流含沙量的变化与畦灌挟沙力密切相关。畦灌中的田间水流属于渗透面上的明渠非恒定流,可以将河流动力学中计算泥沙沉速及水流挟沙力的方法引入到田间水流的计算中。本书采用张瑞瑾公式

(1998)对田间的挟沙水流进行计算分析,其表达式为

$$S = \frac{\left[v^3/(gR\omega)\right]^{1.5}}{20\rho_s\{1 + \left[v^3/(45gR\omega)\right]^{1.15}\}} \tag{3-3}$$

$$\omega = \sqrt{1.09\frac{\gamma_s - \gamma}{\gamma}gd + (13.95\frac{\psi}{d})^2} - 13.95\frac{\psi}{d} \tag{3-4}$$

式中:S 为水流挟沙力,kg/m^3;ρ_s 为泥沙密度,kg/m^3;v 为水流平均速度,m/s;g 为重力加速度,m/s^2;R 为水力半径,m;ω 为泥沙沉速,cm/s;γ_s 为浑水容重,kN/m^3;γ 为清水容重,kN/m^3;d 为泥沙粒径,mm;ψ 为运动黏滞系数,m^2/s。

3.4.3.8 改水成数

改水成数指的是灌水停止时水流推进的长度占畦田总长度的比值。测量时记下停水时间和停水距离,计算可得改水成数。改水成数与田间坡度、灌水定额、土壤入渗有关,改水过早会使得畦田末端受水不足,改水太晚又会导致畦田尾部有积水。合理的改水成数可以减少灌溉水资源的浪费,提高灌溉水效率(Walker W R,1987;Dawit Z,1996)。灌水时间是灌水停水时间和灌水开始时间的差值,指的是灌水时向田间供水的时间。由于畦灌进行时,整个田块不是同时受水,所以对灌水时间的确定既要满足作物需水量的要求,又要考虑灌溉水流是否能推进到畦田尾部,使整个田面均匀受水。

引黄灌溉工程与其他灌区的灌溉工程有很大的不同,其主要特征是引黄灌溉水中的泥沙含量很高,灌溉水中的泥沙会对畦田灌溉产生一定影响。首先,引黄灌溉水的入渗特性与清水入渗特性不同,引黄畦灌时水流中挟带的泥沙会对土壤的入渗空隙产生一定的影响,进而改变土壤的入渗特性和入渗能力。其次,在水流沿畦田推进时,田面落淤和田间作物或者杂草挂淤会改变田间糙率系数。最后,长期使用引黄河水灌溉,灌溉水所挟带来的泥沙可能会改变土壤的质地、土壤有机物、土壤容重等,甚至对田间施肥也有一定影响。所有这些引黄灌溉与清水灌溉的不同都可能会对引黄畦灌的灌水效果、灌水技术要素等产生影响。

3.5　引黄地面灌田间水分分布规律

3.5.1　引黄畦灌水流推进规律

为了研究水流在田间的推进情况,试验对田间水流的推进数据进行处理,得到田间水流推进过程如图 3-5(a)所示。灌水进行时,挟沙水流平缓的在田间推进,田间水流推进速度如图 3-5(b)所示。随着水流的推进,在畦长方向 0~50 m 处田间水流的推进速度明显减小,当水流在田间推进了 150 m 后,水流速度逐渐趋于平缓,但仍有减小的趋势。经测算,宽畦的入畦流量为 93.75 m³/h,窄畦的入畦流量为 56.25 m³/h。图中 Z1、K1 分别表示 6 月 19 日畦田 1—1 和畦田 1—2 的水流推进,Z2、K2 表示 7 月 30 日畦田 1—1 和畦田 1—2 的水流推进,其中 Z1、K1、Z2、K2 的改水成数分别为 0.820 6、0.907 2、0.779、0.797 4。从水流的推进过程中可以看出,在灌水进行时畦田 1—1 和畦田 1—2 的水流推进速度相差不大,表明在灌溉水单宽流量大小相同的情况下畦田宽度并不影响水流推进速度。水流在田间推进过程中,由于水头损失和水分下渗,使水流在田间的推进速度逐渐减慢,这也可从图 3-5(a)中水流推进曲线的斜率大小变化看出。

从图 3-5 中还可以看出,尊村引黄灌区的畦田灌溉与清水灌溉有很大的区别。首先,引黄灌区的引水流量较大,水流在田间的推进速度较快,从图 3-5(a)看出对于畦长 300 m 的畦田,灌溉水流从畦田首部推进到畦田尾部需要 1 h 的时间,相对于灌区内的井水灌溉来说,节省了很多灌溉时间。另外,尊村引黄灌区的畦田长度较长,若灌水时间过长,会导致畦田首部深层渗漏过多,降低灌溉水利用效率。

3.5.2　引黄畦灌土壤水分分布

根据灌水前后在各测点测得的土壤体积含水率,利用 Surfer11.0 软件绘制土壤水分分布等值线图可以直观地看到土壤水分在田间的分布状况。

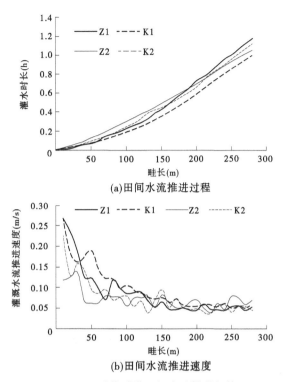

(a)田间水流推进过程

(b)田间水流推进速度

图 3-5 引黄畦灌田间水流推进规律

通过对灌水前一天、灌水后一天土壤含水率的变化分析可以进一步确定土壤水分在灌前、灌后的分布情况。为了更直观地分析土壤含水率的变化,本文以 TRIME-PICO TDR 实测的灌前、灌后土壤体积含水率为基础数据,以 Surfer11.0 为技术手段,就试验田灌水前后的土壤水分变化做比较分析,图 3-6 给出了 3 次灌水时畦田 1—1 和畦田 1—2 灌水前后的土壤含水率等值线对比图,3 次灌水的灌水日期分别为 2015 年 7 月 30 日、2016 年 6 月 20 日、2016 年 8 月 4 日。

从图 3-6 中可以看出,灌水前土壤表层(0~30 cm)水分分布等值线图更为密集,表明灌水前土壤表层的土壤含水率沿土层深度方向变化较为剧烈,表层土壤含水率较少,且土壤的含水率沿土层深度方向逐渐加大。灌水后土壤深度 0~60 cm 处土层的土壤含水率有明显提升,土壤表层的等值线较为稀疏,说明表层土壤的含水量相差不多。通过对灌前、灌后的土壤水分分布等值线图进行对比分析可以发现,土壤含水率的大小分布区域与灌水前相比具有一定的相似性。

由灌水后的土壤水分分布等值线图还可以看出,畦田前段(0~50 m)并没有因受水时间更长而导致土层含水率明显高于畦田末段,这也从另一方面印证了黄河水中的泥沙在随水流推进的过程中逐渐沉积在田面,加速了土壤致密层的形成和发展,从而减少了灌溉水流在畦田前段的水分下渗,即引黄水具有减渗作用。费良军等(1996)在不同的畦田规格和纵坡条件下所做的试验也得出了相同的结论。

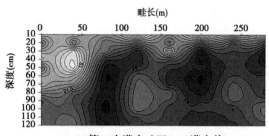

(a)第一次灌水畦田1—1灌水前

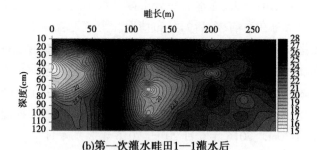

(b)第一次灌水畦田1—1灌水后

注:图中土壤含水率为体积含水率

图 3-6　灌水前后土壤含水率对比图

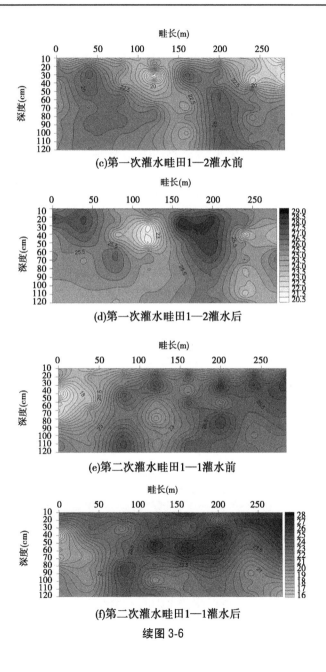

(c)第一次灌水畦田1—2灌水前

(d)第一次灌水畦田1—2灌水后

(e)第二次灌水畦田1—1灌水前

(f)第二次灌水畦田1—1灌水后

续图3-6

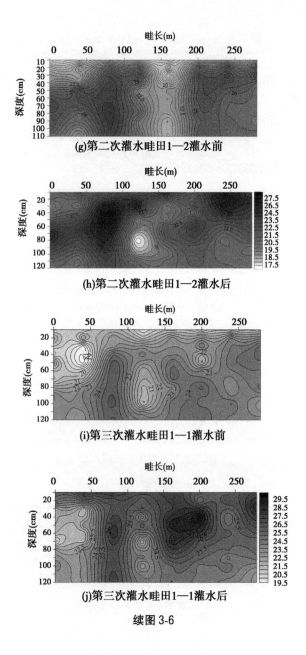

(g)第二次灌水畦田1—2灌水前

(h)第二次灌水畦田1—2灌水后

(i)第三次灌水畦田1—1灌水前

(j)第三次灌水畦田1—1灌水后

续图3-6

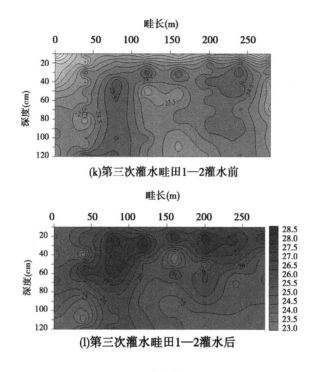

(k)第三次灌水畦田1—2灌水前

(l)第三次灌水畦田1—2灌水后

续图 3-6

3.5.3　土壤水分分布的均匀性

灌溉水进入田间后,只有被土壤吸收转化为土壤水之后才能被作物吸收利用,因此要评价灌溉的灌水质量,必须对土壤水分分布情况进行测算。对于畦灌来说,要评价灌水质量的好坏一般需要两个指标,即田间水利用系数和灌水均匀性系数。其中,灌水均匀性系数更能体现灌水前后土壤水分在田间的分布特征,因此为了更好地评定引黄灌溉土壤水分分布特征,本书采用克里斯琴森(Christiansen)系数(1942)来计算土壤水分在畦田里的分布均匀性,其计算方式如下:

$$C_u = 1 - \frac{\overline{\Delta\theta}}{\overline{\theta}} \tag{3-5}$$

$$\overline{\Delta\theta} = \frac{\sum\limits_{i=1}^{N} |\theta_i - \overline{\theta}|}{N} \tag{3-6}$$

式中：C_u 为克里斯琴森均匀系数；$\overline{\theta}$ 为平均土壤含水率；$\overline{\Delta\theta}$ 为土壤含水率的平均差；θ_i 为 i 点的土壤含水率；N 为取样点的个数。

表 3-5 给出了 3 次灌水中，灌水前一天及灌水后一天在试验畦田 1—1 和畦田 1—2 中各土层的土壤体积含水率的克里斯琴森均匀系数，3 次灌水的灌水日期分别为 2015 年 7 月 30 日、2016 年 6 月 20 日、2016 年 8 月 4 日。

表 3-5　各土层土壤体积含水率的克里斯琴森均匀系数

土层深度（cm）	畦田 1—1						畦田 1—2					
	第一次灌水		第二次灌水		第三次灌水		第一次灌水		第二次灌水		第三次灌水	
	灌前	灌后	灌前	灌后	灌前	灌后	灌前	灌后	灌前	灌后	灌前	灌后
10	0.97	0.96	0.98	0.97	0.89	0.98	0.91	0.94	0.93	0.98	0.94	0.96
20	0.91	0.94	0.97	0.97	0.90	0.91	0.92	0.93	0.94	0.97	0.94	0.96
30	0.86	0.91	0.92	0.92	0.83	0.87	0.84	0.88	0.95	0.97	0.86	0.92
40	0.84	0.90	0.90	0.90	0.79	0.90	0.91	0.91	0.94	0.94	0.91	0.94
50	0.88	0.91	0.91	0.93	0.85	0.77	0.93	0.92	0.95	0.96	0.90	0.82
60	0.90	0.90	0.92	0.92	0.85	0.79	0.94	0.95	0.96	0.97	0.94	0.76
70	0.89	0.90	0.93	0.89	0.85	0.82	0.94	0.97	0.98	0.98	0.93	0.72
80	0.94	0.93	0.94	0.91	0.91	0.82	0.95	0.92	0.97	0.95	0.92	0.79
90	0.96	0.95	0.97	0.96	0.94	0.86	0.93	0.94	0.97	0.98	0.93	0.85
100	0.95	0.95	0.95	0.95	0.96	0.90	0.94	0.94	0.97	0.98	0.95	0.96
110	0.95	0.94	0.97	0.96	0.96	0.93	0.93	0.97	0.97	0.98	0.94	0.93

通过对灌水前后土壤的克里斯琴森均匀系数进行对比发现，灌水后土层 0~40 cm 内土壤的体积含水率的克里斯琴森均匀系数相比灌水前有增大的趋势，这应该是灌水前果树地植株间距不同或种植密度不同引起的田间水分蒸发不平衡导致的，而灌水后一天，土层 0~40 cm

内土壤水分经过再分布,其克里斯琴森均匀系数有所增大,表明灌水后土壤水分分布的均匀性有所提高。灌水后土层 50~90 cm 内土壤水的克里斯琴森均匀系数有减小的趋势,这应该是由于灌水后一天该土层内的土壤水仍在进行复杂的迁移运动,未能达到分布均衡,导致土壤水分分布不均。对于田间的深层土壤(100~110 cm),灌水前后土壤水的克里斯琴森均匀系数变化不大,这应该是这一土层区间的土壤水分运动缓慢而造成的。

总体来看,引黄畦灌增大了土壤表层的水分分布均匀性,使得灌溉水在土壤上层得到了均匀分布。

3.6　引黄畦灌田间泥沙分布规律

由于引黄畦灌是以黄河水为水源的灌溉方式,灌溉水中含有大量泥沙,因此相比于清水灌溉,引黄畦灌可以减少灌溉水在畦田首端的过多渗漏,使得田间土壤水分分布有着自己独特的特征,这一点在第 3.5 节已经进行过较为详细的论证,但是对于灌溉水中的泥沙在田间如何分布,以及灌溉水中的泥沙对畦田水分分布的影响机制还不是很清楚。因此,本节尝试通过对引黄畦灌灌溉水中的泥沙的迁移和分布规律展开研究,对以上问题进行初步解答。

本节以每次灌水时在田间取得灌溉水水样和灌水过后在田间收集的田面沉积泥沙的实测数据为基础,对引黄畦灌的田间泥沙分布规律进行分析,借助激光粒度分布仪对引黄灌溉水中的泥沙颗粒级配进行研究,以探讨黄河中的泥沙在田间的分布规律。本节主要引用历次灌水中的 4 次灌水试验来分析引黄畦灌田间泥沙分布的特征,其中,4 次灌水试验的灌水时间分别为 2015 年 6 月 19 日、2015 年 7 月 30 日、2016 年 6 月 20 日、2016 年 8 月 4 日。

3.6.1　畦灌水流推进阶段泥沙运移

引黄灌溉工程中,在引水工程取水口处一般都修建有沉沙池,以沉降所引用的黄河水中的泥沙,这些沉沙池的沉沙效果明显,在引黄水被输送到尊村引黄灌区五级站时,灌溉水中的含沙量已得到明显减少,但与清水灌溉相比,引黄灌溉中仍然有大量的黄河泥沙随灌溉水进入田间。本节主要研究引黄畦灌进行时,在水流推进阶段灌溉水中的黄河泥沙在田间的变化规律。在本文中,灌溉水中的含沙量指的是单位体积的灌溉水中所含的干沙的质量,单位为 kg/m³。

3.6.1.1　灌溉水含沙量沿畦长的变化

图 3-7 为 4 次灌水中灌溉水沿畦田推进时,水流中含沙量自引水管出水口,经畦田首部至畦田尾部的变化规律。从图 3-7 中可以清楚看出,含沙量大小沿畦长方向逐渐减少,在第一次灌水时,灌溉水流中含沙量由畦田首部的 1.478 kg/m³ 减小到畦田末端的 0.365 kg/m³,含沙量减少了 75%。第二次灌水时,灌溉水流中的含沙量由畦田首部的 1.538 kg/m³ 减小到畦田末端的 0.289 kg/m³,含沙量减少了 81%。第三次和第四次灌水时,虽然在水流推进过程中含沙量并未严格按畦田方向逐渐减少,但仍有明显的减小趋势,其含沙量从畦田首部到畦田尾部分别减少了 93% 和 91%。在试验进行过程中,在田间的引黄水含沙量最大值出现在第四次灌水期间,其值为 2.016 kg/m³,引黄灌溉水的流量较大,因此从历次灌水时畦田首端的含沙量数据来看,每次灌水都有大量的泥沙被引入田间。

图 3-7 的试验数据表明挟沙水流在畦田中行进时,受重力和田面挂淤的影响,引黄水中的泥沙颗粒逐渐沉积在田面,导致水流含沙量沿畦长方向逐渐减少。从图 3-7 中还可以看出,畦田前端(0~100 m)是引黄水中泥沙含量减少最明显的区域,水流在田间推进了 100 m 之后,灌溉水中的含沙量仍有减小的趋势,但此时水流中的含沙量较少,灌溉水中含沙量减少并不显著。

3.6.1.2　灌溉水中泥沙粒度分布沿畦长的变化

在含沙水流和泥沙输送等理论研究和实践中,泥沙颗粒的粒径大小起着重要作用,是研究泥沙颗粒的一个重要参数(陈英燕,1997)。在自然界中,颗粒尺寸完全相同的泥沙颗粒群是极少的,泥沙粒径尺寸都有一个分布范围,平常所说的泥沙粒径一般是指其颗粒的等效粒径,即被测的泥沙颗粒的某种物理特性或物理行为与某一直径的同质球体

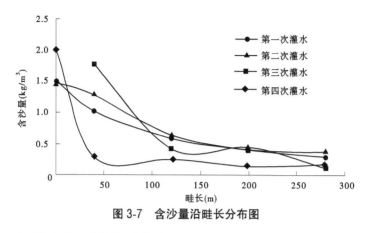

图 3-7　含沙量沿畦长分布图

最相近时的直径。所谓泥沙粒度,是对泥沙颗粒和泥沙颗粒群体的粒径的度量与描述(牛占,2007)。本书即通过对田间取得水样中的泥沙粒度进行分析,来研究引黄灌溉水中的泥沙颗粒在田间的变化和分布特征。

平均粒径也是一种等效粒径,它是将一个(由大小和形状不同的粒子组成的)实际粒子群与一个(由相同的球形粒子组成的)等效粒子群相比,如果两者粒径总长相等,则该球形粒子的直径就是这种实际粒子群的平均粒径。泥沙的平均粒径是研究泥沙颗粒大小变化的重要指标。

如图 3-8 所示为灌溉水在田间推进时,水流中所含泥沙的平均粒径大小沿畦田长度的变化。从图 3-8 中可以看出,灌溉水流中泥沙的平均粒径大小沿畦田长度方向有减小的趋势,表明粒径较大的泥沙颗粒在沿田面推进的过程中更容易沉积,这也符合人们的常识。图 3-8 中显示在畦田末端水流中泥沙的平均粒径大小有突然增大的趋势,应该是由畦灌时的壅水造成的,水流将还未沉积的大粒径泥沙冲积到末尾。

泥沙的中位粒径指的是泥沙的累计粒度分布百分数达到 50%时所对应的等效粒径,它的物理意义是粒径大于它的泥沙颗粒占比50%,小于此粒径的泥沙颗粒占比也为 50%。中位粒径又称为中值粒径,它也是统计和计算泥沙粒径的一个基本参数,在泥沙研究的理论和

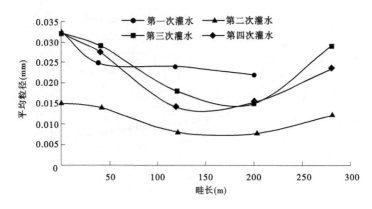

图 3-8　灌溉水流中泥沙平均粒径沿畦长的分布

实践中具有重要的作用。图 3-9 为灌溉水流中泥沙的中位粒径沿畦田长度方向的分布。图 3-9 与图 3-8 具有一定的相似性,都是泥沙的粒径从畦田首端到畦田尾端有减小的趋势,只是中值粒径相比于平均粒径要更小一点。这也从另一方面印证了畦田中的泥沙颗粒粒径沿畦田长度方向逐渐减小这一规律。图 3-9 中显示畦田末端的中值粒径有突然增大趋势,也应该是畦灌时的壅水造成的,这也说明了畦灌有一定的输沙效果,可以将灌溉水中的泥沙带到畦尾。

3.6.1.3　水流挟沙力沿畦田长度的变化

　　要研究引黄灌溉水中的泥沙在田间的变化,必须要弄清楚灌溉水的水流挟沙力,水流挟沙力的变化对灌溉水中的含沙量具有重要影响,它是认识和解决灌溉水中的泥沙在田间分布问题的基础,对灌溉水挟沙力的研究无论是泥沙在田间运移规律的基本理论方面还是在生产实践方面都有十分重要的意义。

　　水流挟沙力指的是在一定的水流和泥沙条件(包含水流平均流速、过水断面、水力半径、泥沙沉速、泥沙和水的密度、床面组成等)下,单位水体所能挟带的泥沙数量(舒安平,1993)。根据水流挟沙力公式中适用的泥沙含量不同可以将水流挟沙力公式分为三类,在本书中,由于引入田间的黄河水已经经过过滤和沉砂池的沉淀,灌溉水中的含沙

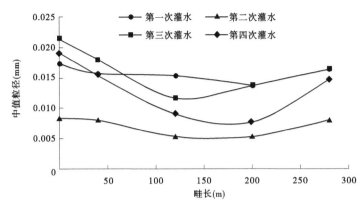

图 3-9　灌溉水流中泥沙中值位粒径沿畦长的分布

量已经大为减少,经过对比分析,本试验选择使用在国内已经得到广泛应用的张瑞瑾公式作为计算水流挟沙力的基本公式。

　　图 3-10 为根据田间实测数据带入张瑞瑾公式的实测结果,从图中可以看出,水流的挟沙力在灌溉水刚进入畦田时最大,此时水流挟沙量大,含沙量高。随着水流的推进,灌溉水的挟沙力开始明显减小,且沿畦田长度方向有逐渐减小的趋势。在试验进行时,各次灌水的水流挟沙力最大值均出现在畦田首端,约为 $0.009~kg/m^3$,远远小于灌水时水流中的含沙量。因此,随着水流的推进,水流中的泥沙必然在重力的作用下逐渐沉积在田面。这也从理论上解释了水流中的含沙量沿畦田长度方向逐渐减小的原因。

3.6.2　田面沉积泥沙沿畦长分布

3.6.2.1　田面沉积泥沙量沿畦长方向的变化

　　引黄畦灌结束后,在畦田表面会有一层沉积泥沙,通过纱布收集可得其分布状况。如图 3-11 所示为灌水结束后,田面沉积泥沙质量沿畦田长度方向的变化。其中 Z1、Z2 分别表示 2015 年 7 月 30 日和 2016年 8 月 4 日灌水时在畦田 1—1 上测得的数据,K1、K2 分别表示 2015年 7 月 30 日和 2016 年 8 月 4 日灌水时在畦田 1—2 上测得的数据。从图 3-11 中可以看出,田面沉积泥沙的质量沿畦长方向有逐渐减小的

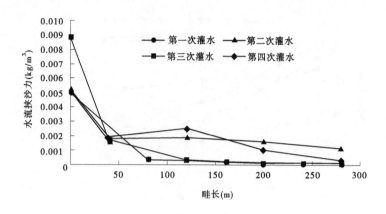

图 3-10　灌溉水流挟沙力沿畦长的变化

趋势,田面沉积泥沙的最大值出现在畦田首端附近,由于在不同时间和季节引黄水含沙量不同,所以田面沉积泥沙量最大值可能不同,在试验进行中测得的田面沉积泥沙最大值为 677.5 g/m^2,最小值出现在畦田长度 250 m 附近,为 4.5 g/m^2。从图 3-11 中还可以看出,在畦田尾部,田面沉积泥沙质量有增大趋势,这应该是由于受畦田尾部壅水的影响,灌溉水流中的泥沙更多地带向了畦尾。

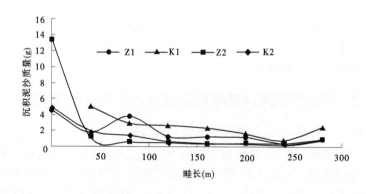

注:沉积泥沙质量指的是三块 10 cm×20 cm 纱布收集泥沙总质量的平均值。

图 3-11　田面沉积泥沙质量沿畦长的变化

3.6.2.2　田面沉积泥沙的粒度分布

通过对田面沉积泥沙的粒度分析,可以得到其粒度分布情况。图 3-12 为灌水结束后田面沉积的泥沙颗粒组成沿畦田长度的变化情况,此时田面沉积的泥沙不仅包括引黄水中所含泥沙,还包括在畦灌时由灌溉水所冲击起的田间土壤。从图 3-12 中可以看出,田面沉积泥沙主要由细砂粒、粉粒和黏粒组成,其中粉粒为主要组成成分,占泥沙总量的 70% 左右,砂粒含量较小,不足 10%,其余为黏粒。由引黄水挟带进入田间的粗砂粒和中砂粒在田面沉积泥沙中的含量已检测不到。

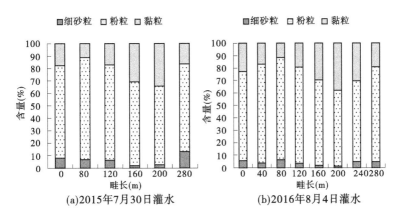

(a)2015年7月30日灌水　　　(b)2016年8月4日灌水

注:细砂粒、粉粒、黏粒的粒径分别为 0.075~0.25 mm、0.005~0.075 mm、≤0.005 mm。

图 3-12　田面沉积泥沙的颗粒组成沿畦田长度的变化

泥沙颗粒的粒径大小对土壤质地的组成以及对灌溉水流入渗具有重要影响,为了更深入地了解田面沉积泥沙在田间的分布规律,还需要对田面沉积泥沙的特征粒径进行分析。如图 3-13 所示为田面沉积泥沙的特征粒径的大小沿畦长方向的变化情况。如图 3-13(a)为田面沉积泥沙的平均粒径沿畦田长度的变化,从中可以看出,田面沉积泥沙的平均粒径大小在畦田首部和尾部大小相当,田间泥沙的平均粒径大小有一定的波动性,平均粒径最小值出现在畦田长度 200 m 附近。图 3-13(b)、(c)分别为田面沉积泥沙的特征粒径 D_{10}、D_{50}、D_{90} 沿畦田长度的变化,从中可以看出,D_{10} 沿畦长方向的变化不大,说明较小粒径的颗粒在沉积泥沙中的含量较为稳定。D_{50} 与 D_{90} 的大小沿畦长方向呈现波动状态,在畦田尾部 D_{50} 与 D_{90} 的大小有明显增大的趋势,且 D_{50} 与 D_{90} 的大小在畦田首部和尾部附近的大小接近,这表明畦田首部和畦田尾部的沉积泥沙中粒径较大颗粒的含量接近,只是畦田首部的沉积泥沙量比畦田尾部多,表明在引黄畦灌条件下,细砂粒是可以被输送到畦田尾部的。特征粒径 D_{50} 与 D_{90} 沿畦长方向的分布曲线形态类似于三角函数,如果有需要可以通过 MATLAB 软件拟合出田面沉积泥沙特征粒径沿畦田长度方向分布的函数,求出沿畦长方向各点的特征粒径,但具体为什么会呈现这样的分布则需要做进一步的研究。

3.6.3 泥沙沉积速率分析

泥沙沉降速率的计算当前主要以经验公式的形式存在,且计算方法较多。在前人的研究对比中发现,用的比较多,计算效果比较好的是 Weiming Wu 基于大量不规则颗粒沉速回归所得的公式与计算泥沙起悬概率中使用的公式。本研究计算分析发现,在 WU 的公式根据不同颗粒形状引入形状系数,计算沉降速率,具有普遍性。而对于引黄水中泥沙计算,用范念念等使用的方法更切合引黄水灌溉水实际。故本文进行了计算验证,并与测量数据相比较,认为畦灌可简化成明渠流,颗粒沉速与 Shields 数等变量之间有以下关系成立:

$$\frac{\omega}{u_*} = \frac{(\sqrt{25 + 1.2d_*^2} - 5)^{1.5}}{\Theta^{0.5}d_*^{1.5}} \tag{3-7}$$

式中:Shield 数 $\Theta = \Delta\Theta = \Delta_{hJ/D}$,$h$ 为水深,J 为比降,D 为颗粒粒径;$d_* = (\Delta g/\nu^2)^{1/3}D$,为无量纲颗粒粒径;$\Delta = (\rho_s - \rho)/\rho$,$\rho_s$ 和 ρ 分别为颗粒和流体的密度;g 为重力加速度;ν 为流体的运动黏度。

摩阻流速现在常用的测量计算方法为 $u_* = \sqrt{gHJ}$,J 为水力坡度,H 为水深,g 为重力加速度。

通过检测引黄灌溉水中泥沙的颗粒含量,根据以上公式,得到不同粒径的沉降速率。沉降速率主要受泥沙密度、颗粒大小、水温、水深和畦田坡度影响。灌溉水中泥沙的密度一定,不会随着水流推进的变化

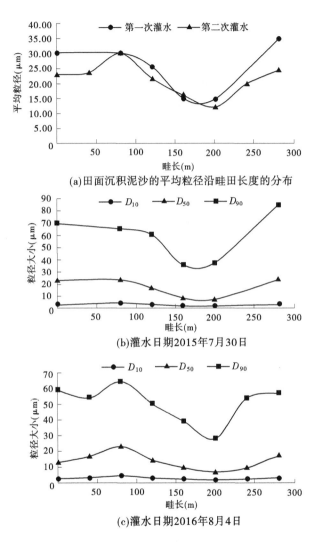

(a)田面沉积泥沙的平均粒径沿畦田长度的分布

(b)灌水日期2015年7月30日

(c)灌水日期2016年8月4日

注:D_{10}、D_{50}、D_{90} 分别表示小于此等效粒径的泥沙含量分别为 10%、50%、90%。

图 3-13　田面沉积泥沙的特征粒径沿畦田长度的分布

而变化。引黄水通过渠道引入畦田,到达畦田水温较稳定,温度变化对水流的影响可忽略。随着灌溉水流的不断推进,发生变化的是畦田水深、坡度,而水深同样影响着摩阻流速($u_* = \sqrt{gHJ}$)和 Shield 数($\Theta = \Delta\Theta = \Delta_{hJ/D}$),经推导公式发现,水深在公式中可以相互抵消,故水深对沉降速率无影响。在不同的畦田部位,坡度有变化。灌溉水中泥沙沉降速率主要受粒径的大小影响,随着粒径的减小,沉降速率在下降。畦灌中不同粒径平均沉降速率见图 3-14。

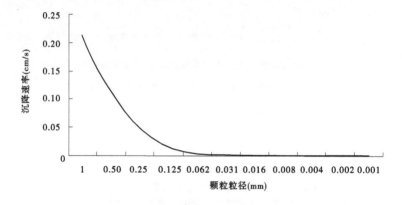

图 3-14　畦灌中不同粒径平均沉降速率

3.7　本章小结

　　本章根据在田间进行的灌水试验,测量了引黄灌溉水在田间的推进与消退和土壤的体积含水率,分析了尊村引黄灌区果树地在畦灌条件下的田面水流运动规律和田间土壤水分分布规律,以及水样中含沙量和田面沉积泥沙中含沙量的变化和泥沙特征粒径变化,得到如下结论:

　　(1)引黄灌区的灌水流量较大、流速较快,灌溉水流在田间推进较快,可以很快推进到畦尾,节省了灌水时间。

　　(2)水流在田间推进的过程中随着水分下渗和水力损失,推进速度逐渐减小,水流在田间推进 50 m 之后,水流速度逐渐平缓。

　　(3)由土壤水分分布等值线图可以看出,灌水前,表层土壤(0~30 cm)的空间变异性较大,土壤含水率沿土层深度方向逐渐变大;灌水后,0~60 cm 内的土壤含水率明显增多,表层土壤含水率的大小沿土层深度方向变化不大;灌水前后,土壤含水率的大小在田间的分布具有一定的相似性。

(4)引黄畦灌改变了土壤表层的克里斯琴森均匀系数,使得上层土壤的水分分布更为均匀。

(5)通过田间土壤水分分布等值线图和土壤的体积含水率克里斯琴森均匀系数表可以看出,灌水过后土壤的体积含水率在畦田前端和畦田尾端分布相差不大,这应该是由于引黄水在田间推进速度较快,且随着水流的推进灌溉水中的泥沙逐渐沉积在田面,使得灌溉水在整个田间的分布更趋于均匀。

(6)在畦灌进行时,随着水流的推进,由于灌溉水不断向田间入渗和水流前进中的水头损失,使畦中流量及水流速度不断减小,水流的挟沙能力逐渐减弱,根据试验,引黄畦灌中,水流挟沙力最大值约为 0.009 kg/m^3,远远小于水流中的含沙量,因此灌溉水中的泥沙在重力的作用下逐渐沉积在田面。

(7)在水流沿畦长方向推进的过程中,水流中含沙量明显减小,从畦田首端到畦田尾端,灌溉水流中的含沙量减少了 75% 以上,灌溉水中泥沙的平均粒径和中值粒径也有减小的趋势,表明在连续畦灌过程中泥沙粒径越大越易沉积。

(8)灌水结束后,田面沉积泥沙质量沿畦田长度方向逐渐减少,但在尾部有积水的情况下,沉沙量在畦田尾部会有所增多;田面沉积泥沙颗粒的主要成分是粉粒;与灌溉水中泥沙不同,田面沉积泥沙的特征粒径并不是沿畦长方向一直减小的,畦田首部和畦田尾部的沉积泥沙的特征粒径大小相近,表明畦田首部和畦田尾部只是沉沙量多少不同,而其颗粒级配是相近的。在当次灌水条件下粒径较大的细砂粒也会在畦田尾部沉积。

第 4 章　灌溉信息化监测技术

　　信息技术(Information Technology,IT),是用于管理和处理信息所采用的各种技术的总称。信息技术作为现代科学技术的核心技术,信息化作为新的生产力,对国民经济的高速发展和现代化建设具有举足轻重的地位和巨大推动作用。农业信息化已成为农业现代化的重要内容和标志,没有农业信息化就没有农业现代化。灌溉作为农业的重要环节,也迫切需要实现信息化。

　　目前,科技人员在旱情监测、灌溉预报、灌溉决策、自动水肥一体化灌溉等灌溉环节上有很多单项的成果,也在应用中取得了良好的效果。诸多信息技术如互联网、物联网、无线传感、云计算、大数据等的发展,为农业信息化发展奠定了良好的基础。

4.1　平台结构

　　课题紧密围绕灌区智慧用水决策技术与平台的科技需求,重点研究基于供需(耗)平衡灌区用水调控智能决策技术,建立决策信息的标准化数据结构体系及接入模式,研发基于大数据的模块化、开放式灌区用水决策调控云服务平台。云平台结构及平台界面见图 4-1、图 4-2。

　　平台可根据模块结构和功能划分为"数据支撑层""应用支撑层"和"用户应用层"等三层。

　　数据支撑层是数据基础,包括历史数据库和动态实时数据库两部分。灌区地理相关信息、土壤水源气候信息及灌溉渠/管系统信息通过数据标准化后保存在静态数据库中,RGB/多光谱监测、无人机遥感、卫星遥感等图片数据保存在栅格数据库,土壤水盐、气象、水源水量水质、作物蒸散发渠/管系统运行状态等信息经过标准化后保存在实时数据库。

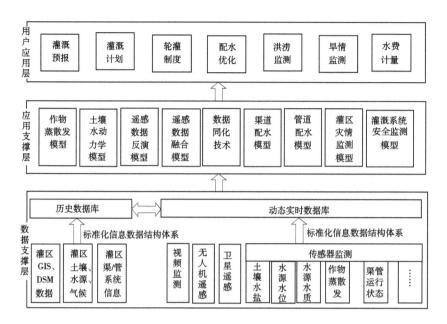

图 4-1　智慧灌区用水决策平台结构

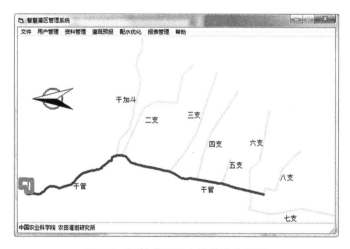

图 4-2　智慧灌区用水决策平台界面

应用支撑层包括各种用于灌溉测预报、管网/渠系用水调度、旱涝灾害预警、灌溉系统安全运行监测等场景的数学模型,这些模块具有与平台信息交换的标准数据接口,并可以根据系统的不断应用、改进完善进行模块的升级、增加。

用户应用层包括了适应于各种场景的 GUI 界面,可以进行友好的人机交互。功能包括:灌溉预报、灌溉计划、轮灌制度优化、洪涝灾害监测报警、水费计量等。各功能模块通过应用支撑层的相应模型调用数据支撑层的数据,把决策结果友好地展示给用户。

平台中的数据流向是由下至上的,平台通过各种监测手段对作物生长、气象、土壤等信息进行获取,通过数据融合同化后,使用各种灌溉预报模型预测农田墒情,并通过灌溉系统优化配置模型计算轮灌制度,给出灌溉计划。在灌溉实施过程中,系统对灌溉系统进行安全实时监控,并记录各出水口的流量信息。在灌溉完成后给出水费计量报表。下面将模型目前的功能分成灌溉调度、监测预警、水费计量三类进行介绍。

4.1.1　灌溉调度类应用

灌溉调度类应用包括灌溉预报、灌溉计划、轮灌制度、配水优化等模块,这 4 个模块之间是递进关系,各模块调用应用支撑层的模型及数据支撑层的原始数据等,如图 4-3 所示。

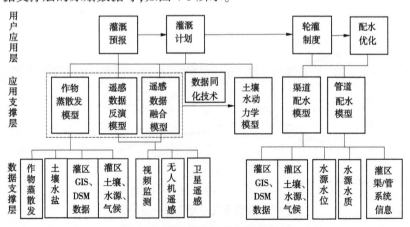

图 4-3　灌溉调度类各模块间关系

4.1.2　监测预警类应用

监测预警类应用包括灌区洪涝灾害监测、旱情监测、灌溉系统安全运行监测等模块,这 3 个模块之间是平行关系,各模块调用应用支撑层的模型及数据支撑层的原始数据等,如图 4-4 所示。

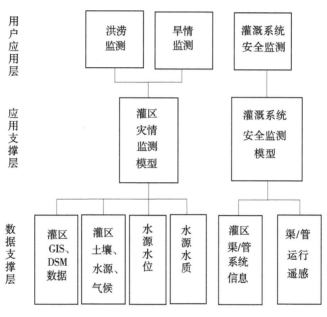

图 4-4　监测预警类各模块间关系

4.1.3　水费计量类应用

目前,水费计量类应用只包括水费计量 1 个模块,可以对各用水户的用水时间、用水量及水费进行采集和计算,生成统计报表。

4.2　平台功能

4.2.1　软件开发技术

随着移动互联网技术的发展,用户的需求也在不断增长,传统的桌面软件模式已经不能满足用户对软件快速的升级、频繁的部署、随时的访问等需求,尤其随着近年来移动网络接入速率的提高和移动设备的普及,用户已经习惯于随时随地通过各种设备获取信息。因此,程序基于 C/S 模式进行架构,在减小服务器数据交互的同时,使用户能够方便快捷地访问软件。

C/S 结构的优点是能充分发挥客户端 PC 的处理能力,很多工作可以在客户端处理后再提交给服务器。对应的优点就是客户端响应速度快。具体表现在以下两点:

(1)应用服务器运行数据负荷较轻。最简单的 C/S 体系结构的数据库应用由两部分组成,即客户应用程序和数据库服务器程序。二者可分别称为前台程序与后台程序。运行数据库服务器程序的机器,也称为应用服务器。一旦服务器程序被启动,就随时等待响应客户程序发来的请求;客户应用程序在用户自己的电脑上运行,对应于数据库服务器,可称为客户电脑,当需要对数据库中的数据进行任何操作时,客户程序就自动地寻找服务器程序,并向其发出请求,服务器程序根据预定的规则作出应答,送回结果,应用服务器运行数据负荷较轻。

(2)数据的储存管理功能较为透明。在数据库应用中,数据的储存管理功能,是由服务器程序和客户应用程序分别独立进行的,并且通常把那些不同的(不管是已知还是未知的)前台应用所不能违反的规则,在服务器程序中集中实现,例如访问者的权限,编号可以重复,必须有客户才能建立订单这样的规则。所有这些,对于工作在前台程序上的最终用户,是"透明"的,他们无须过问(通常也无法干涉)背后的过程,就可以完成自己的一切工作。在客户服务器架构的应用中,前台程序不是非常"瘦小",麻烦的事情都交给了服务器和网络。在 C/S 体系下,数据库不能真正成为公共、专业化的仓库,它受到独立的专门管理。

为了体现更加简单、方便、更加人性化的特点,提高用户体验,在用户界面上,本软件平台兼顾大多数用户所熟悉的 Windows 操作系统的操作习惯,最大程度降低用户的学习曲线,使软件变得简单易用。

同时,为了使软件具有良好的可扩展性,对本软件进行了充分的分层和模块化,通过功能抽象提炼,前后端以 RESTful 接口进行通信交互,为将来功能的丰富留足空间。

4.2.1.1　C#

C#是微软公司发布的一种由 C 和 C++衍生出来的面向对象的编程语言,是运行于.NET Framework 和.NET Core(完全开源,跨平台)之上的高级程序设计语言,并定于在微软职业开发者论坛(PDC)上登台亮相。C#是微软公司研究员 Anders Hejlsberg 的最新成果。C#看起来与 Java 有着惊人的相似;它包括了诸如单一继承、接口、与 Java 几乎同样的语法和编译成中间代码再运行的过程。但是 C#与 Java 也有着明显的不同,它借鉴了 Delphi 的一个特点,与 COM(组件对象模型)是直接集成的,而且它是微软公司.NET Windows 网络框架的主角。

C#是由 C 和 C++衍生出来的一种安全、稳定、简单、优雅的面向对象的编程语言。它在继承 C 和 C++强大功能的同时去掉了一些它们的复杂特性(例如没有宏以及不允许多重继承)。C#综合了(Visual Basic,VB)VB 简单的可视化操作和 C++的高运行效率,以其强大的操作能力、优雅的语法风格、创新的语言特性和便捷的面向组件编程的支持成为.NET 开发的首选语言。

C#是面向对象的编程语言。它使得程序员可以快速地编写各种基于 MICROSOFT.NET 平台的应用程序,MICROSOFT.NET 提供了一系列的工具和服务来最大程度地开发利用计算与通信领域。

C#使得 C++程序员可以高效地开发程序,且因可调用由 C/C++编写的本机原生函数,而绝不损失 C/C++原有的强大的功能。因为这种继承关系,C#与 C/C++具有极大的相似性,熟悉类似语言的开发者可以很快地转向 C#。

4.2.1.2　Visual Basic

Visual Basic 是 Microsoft 公司开发的一种通用的基于对象的程序设计语言，为结构化的、模块化的、面向对象的、包含协助开发环境的事件驱动为机制的可视化程序设计语言，是一种可用于微软自家产品开发的语言。

"Visual" 指的是开发图形用户界面（GUI）的方法——不需编写大量代码去描述界面元素的外观和位置，而只要把预先建立的对象加到屏幕上的一点即可。"Basic" 指的是 BASIC（Beginners All-Purpose Symbolic Instruction Code，BASIC）语言，是一种在计算技术发展历史上应用得最为广泛的语言。

Visual Basic 源自于 BASIC 编程语言。VB 拥有图形用户界面（GUI）和快速应用程序开发（RAD）系统，可以轻易地使用 DAO、RDO、ADO 连接数据库，或者轻松地创建 Active X 控件，用于高效生成类型安全和面向对象的应用程序。程序员可以轻松地使用 VB 提供的组件快速建立一个应用程序。

4.2.1.3　ArcGIS

渠灌区灌溉工程设施通常分布在广阔的地域上，传统的手工管理无法表现设施的空间信息，即使基于纸质地图，在工情信息的空间分布方面也缺乏足够的表现力，软件采用 GIS 领域的风向标——Esri 公司提供的 ArcGIS 产品平台。ArcGIS 产品线为用户提供一个可伸缩的、全面的 GIS 平台。ArcObjects 包含了大量的可编程组件，从细粒度的对象（例如，单个的几何对象）到粗粒度的对象（例如与现有 ArcMap 文档交互的地图对象），涉及面极广，这些对象为开发者集成了全面的 GIS 功能。每一个使用 ArcObjects 建成的 ArcGIS 产品都为开发者提供了一个应用开发的容器，包括桌面 GIS（ArcGIS Desktop）、嵌入式 GIS（ArcGIS Engine）以及服务端 GIS（ArcGIS Server）。ArcGIS 作为一个可伸缩的平台，无论是在桌面、服务器、在野外，还是通过 Web，为个人用户也为群体用户提供 GIS 的功能。平台软件充分利用 ArcGIS 各个框架,开发出各种方便用户管理的子软件,在桌面软件、Web 应用,均具有代表性的软件,全方位、多角度为项目开发服务。

4.2.2　平台开发技术路线

本软件平台采用 RESTful 架构。REST (Representational State Transfer,REST)描述了一个架构样式的互联软件(如 Web 应用程序)。REST 约束条件作为一个整体应用时,将生成一个简单、可扩展、有效、安全、可靠的架构。由于它简便、轻量级以及通过 HTTP 直接传输数据的特性,RESTful Web 服务成为基于 SOAP 服务的一个最有前途的替代方案。用于 Web 服务和动态 Web 应用程序的多层架构可以实现可重用性、简单性、可扩展性和组件可响应性的清晰分离。开发人员可以轻松使用 Ajax 和 RESTful Web 服务一起创建丰富的界面。

4.2.2.1　软件平台总体结构设计

本软件分为以下几层:

(1)数据存储层。采用轻量级的内存数据库,对用户的历史设置信息和气象数据等进行存储。

(2)数据访问层。连接业务逻辑层和数据存储层,封装数据操作,为业务逻辑层提供简洁的接口。

(3)业务逻辑层。实现对关键数据的加工和计算,根据用户提供的初始数据产出完整的分析和决策数据结果。

(4)展现层。通过易用的用户界面,为用户提供输入接口和展现计算结果。

4.2.2.2　开发环境

操作系统:Windows。

JDK:Java SDK 8。

集成开发环境:Eclipse 或者 IntelliJ。

构建管理:Gradle 2.14(或以上)。

4.2.2.3　软件运行环境要求

(1)硬件。

CPU:双核,3.0 GHz(及以上)。

内存:2 G(及以上)。

硬盘:120 G(及以上)。

输入方式:鼠标及键盘。

输出方式:显示器,分辨率 1366×768(及以上)。

(2)操作系统。

32 位或 64 位 Windows 7(及以上)。

4.2.3　软件主要模块

该登录页面是软件唯一入口,提供管理员和用户登录进入软件的功能。软件启动进入登录界面,输入用户名和密码进入软件主界面,其中软件登录界面如图 4-5 所示。

图 4-5　软件登录界面

4.2.3.1　灌溉预报模块

启动软件后,进入登录界面(见图 4-5),点击灌溉预报,可以根据气象资料及初始含水率计算土壤储水量的变化,并预测未来的土壤含水率,给出灌溉建议。渠灌区用水预测界面见图 4-6。

图 4-6　渠灌区用水预测界面

4.2.3.2 管网优化模块

管网优化模块包括有管网模型导入→参数调整→运行优化→结果查看等过程,如图 4-7 所示依次为选择、撤销、恢复、复制、粘贴、绘制点、绘制线、绘制面,第二排从左至右依次为节点编辑、移动对象、打断的线、捕捉、测量、图层选择。在拓扑模块中,存在加载管线、高程和线高程三个操作按钮,可通过这三个操作按钮加载已有管网的拓补关系或者对当前新建管网的高程进行设置。在参数模块中,有计算时间、管渠道参数、阀门三个操作按钮,可对渠道的各类参数进行设置。点击结果按钮,即可观看管道优化配置结果。

(a)

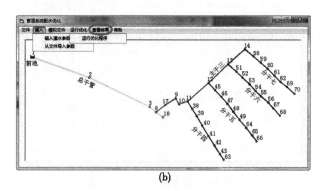

(b)

图 4-7　管网优化界面

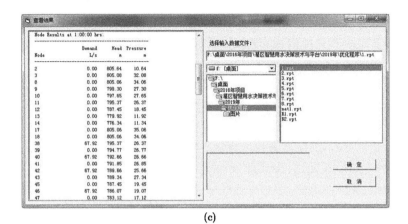

(c)

续图 4-7

4.2.3.3　信息化系统

农田监测及灌溉决策系统软件可对各监测点的数据进行下载、存储、查看及处理,还可以根据多源数据对土壤水分进行反演、预测。信息查看界面见图 4-8。

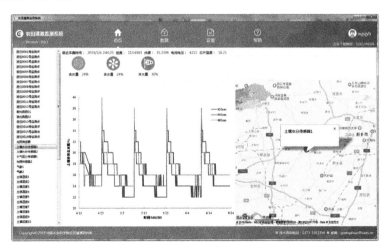

图 4-8　信息查看界面

4.2.3.4 数据层与结构

数据层名称与内涵:地表层(区域边界与地形/地貌)、河/渠/沟/管网络层、土壤层、水文地质层、降雨层(站点分布)、气象层(站点分布)、土地利用层(耕地/居民区/道路/林地/草地)、灌溉方式层(地面灌溉/喷灌/滴灌等)、人工调控层(节制闸/分水闸/启闭阀门/调压池/调压阀/排气阀等调控设施/设备)。

地形区域层:绘制地形区域层、沟渠层、田块层,并且定制相应的属性,进行地形预处理,生成地表地形数据和地下地形数据,对田块层预处理,生成形心点层、形心点连线层、田块剖分层,对所有层进行沟渠预处理。地形区域层结构见图4-9。根据田块层属性对田块层剖分或生成形心点层及形心点连线层(见图4-10)。

图 4-9 地形区域层结构

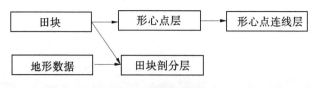

图 4-10 田块层结构

沟渠管网层:由用户绘制层和田块预处理层生成相应的地下层、土壤层(见图4-11)。需要注意的是,在灌区水运动全过程控制方程统一表征下,沟/渠/管/河网水运动、地表水运动、土壤与地下水运动被统一成三维空间网络上的局部表达式,故所有数据结构与"沟/渠/管/河网水运动"的结构类似,这使得数据结构逻辑有些混乱,会在下一步的研发调试中进行统一)。且数据代码结构在C++中的表现最为复杂。

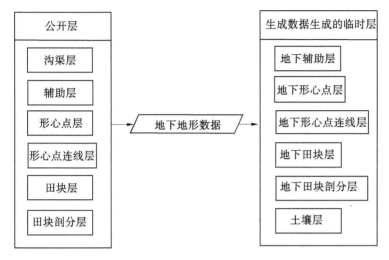

图 4-11　沟渠管网层结构

第 5 章　灌溉决策技术

将水动力模拟模型和灌溉管网优化调度模型进行耦合,对管网灌溉调度方法进行寻优,利用耦合模型中水动力模拟模型与灌溉管网优化调度模型之间公共变量和计算结果等信息的相互协调,达到合理调度的目的。耦合模型结构如图 5-1 所示,耦合模型中的管网水动力学模型部分作为约束条件嵌入优化模型中,模型运行过程中数据传递主要依靠轮灌方式、节点流量等公共参数进行。

图 5-1　耦合模型结构图

5.1 优化模型的构建

5.1.1 目标函数:

(1)系统轮灌时间最短:

$$\min T = \sum_{i=1}^{M} T_i \tag{5-1}$$

(2)系统各节点流量变化最小:

$$\min \sigma_Q = \frac{1}{m} \sum_{i=1}^{M} (Q_i - \overline{Q})^2 \tag{5-2}$$

5.1.2 决策变量

(1)轮灌分组数 M,采用组间轮灌方式,每个轮灌组内的各出水口同时开放,所以轮灌组数直接影响了系统灌溉时间 T。

(2)出水口状态变量 $x_{ij} \in \{0, 1\}$ $(i=1, 2, \cdots, M; j=1, 2, \cdots, N)$, M 为轮灌组数,N 为出水口总数。

$$x_{ij} = \begin{cases} 1, \text{第 } j \text{ 出水口在第 } i \text{ 轮灌组} \\ 0, \text{第 } j \text{ 出水口不在第 } i \text{ 轮灌组} \end{cases} \tag{5-3}$$

5.1.3 约束条件

节点压力约束,出水口 j 各时间段 i 的压力 P_{ij} 要大于出水口供水最小压力 $P_{\min}$,并且要小于出水口管段的安全耐压 $P_{\max}$。

$$P_{\min} \le P_{ij} \le P_{\max} \tag{5-4}$$

出水口单次供水约束,出水口在整个轮灌期内只开放 1 次(任一出水口只属于 1 个轮灌组)。

$$\sum_{i=1}^{M} X_{ij} = 1$$

管网水动力学模型约束

$$\left. \begin{array}{l} \sum_{k=1}^{N_j} Q_{jk} = 0 \\ H_a - H_b - h_w^{ab} = 0 \end{array} \right\} \tag{5-5}$$

5.2 水动力学模型的构建

采用一元有压非恒定流理论建立了管道输水灌区管网水动力学模型。运动方程：

$$g \frac{\partial H}{\partial x} + \frac{\partial v}{\partial t} + v \frac{\partial v}{\partial x} + \frac{f}{2D} v \mid v \mid = 0 \tag{5-6}$$

连续性方程：

$$\frac{\partial H}{\partial t} + v \frac{\partial H}{\partial x} + \frac{a^2}{g} \frac{\partial v}{\partial x} - v \sin\alpha = 0 \tag{5-7}$$

式中：H、v 分别为压力水头和流速；g 为重力加速度；f 为管道摩阻系数；a 为水击波速；α 为管道倾角；D 为管道内径。

利用特征线法将上述偏微分方程转换为全微分方程，并忽略次要项，得到：

$$C^+ \begin{cases} \dfrac{g}{a} \dfrac{dH}{dt} + \dfrac{dv}{dt} + \dfrac{fv \mid v \mid}{2D} = 0 \\ \dfrac{dx}{dt} = a \end{cases}$$

$$C^- \begin{cases} -\dfrac{g}{a} \dfrac{dH}{dt} + \dfrac{dv}{dt} + \dfrac{fv \mid v \mid}{2D} = 0 \\ \dfrac{dx}{dt} = -a \end{cases} \tag{5-8}$$

将方程组(5-8)进行有限差分离散，得到对应于图 5-1 所示的离散方程：

$$C^+ : H_P = C_P - BQ_P \tag{5-9}$$

$$C^- : H_P = C_M + BQ_P \tag{5-10}$$

$$C_P = H_A + BQ_A - RQ_A \mid Q_A \mid \qquad (5\text{-}11)$$

$$C_M = H_B - BQ_B + RQ_B \mid Q_B \mid \qquad (5\text{-}12)$$

式中: $B = \dfrac{a}{gA}$; $R = \dfrac{f\Delta x}{2gDA^2}$。

在图 5-2 中, i 是 x 方向上任一个网格交点, 每一截面上的压力水头 H 和流量 Q 均为前一时间步的已知量, 下标 P 表示新的压力水头 H 和流量 Q。

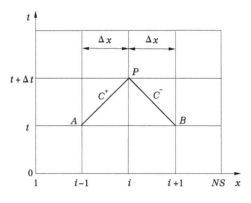

图 5-2　特征线网格

在 x 方向的两端边界处, 即节点 1 和节点 NS 处, 都只有一条特征线成立, 因此需要在边界处添加辅助方程来确定 Q_P、H_P 或者是它们之间的某种关系, 以使方程组闭合。求解时, 每个边界条件和另一个边界条件无关, 和内部节点的计算也无关。

结合试点灌区管网系统布置, 上游端为调节池, 下游端为给水栓, 其他边界还包括管段的串联连接、管道分支节点等。其边界条件分别如下所述。

（1）上游端为调节池。

假定调节池水位为 H_0, 通过管道流出调节池时, 由于管子入口局部损失比较大, 需要考虑能量方程, 若管子进口损失系数为 K, 则能量方程为

$$P_{P1} = H_0 - (1 + K) \frac{Q_{P1}^2}{2gA^2} \qquad (5\text{-}13)$$

将方程式(5-13)与特征线 C^- 方程式(5-10)联立,可求得 H_{P1} 和 Q_{P1}。

(2)下游端为给水栓。

给水栓一般通过阀门控制,通过阀门的孔口方程为

$$Q_P = \frac{Q_0}{\sqrt{H_0}}\tau\sqrt{\Delta H} \qquad (5-14)$$

式中:Q_0 为定常状态下的流量;H_0 为阀在定常状态下的水头损失;τ 为无量纲阀开度;ΔH 为通过阀门时水力坡度线的瞬时降落。将变量 Q_P 及 H_P($\Delta H = H_{P,NS}$)加上表示下游截面的下标 NS,并将方程式(5-14)与特征线 C^+ 方程式(5-9)联立,可求得 $H_{P,NS}$ 和 $Q_{P,NS}$。

(3)串联连接。

对于上下游管径、粗糙率、管材(壁厚)、约束条件等有变化的管段,如图5-3所示,在连接处 C^+ 适用于上游管段,C^- 适用于下游。

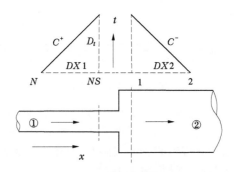

图5-3 管道串联示意图

为区分连接点处上游和下游参数,需要采用双下标表示(程序里为二维数组):

串联边界条件:

$$Q_{PLNS} = Q_{P2,1} \qquad (5-15)$$

$$H_{PLNS} = H_{P2,1} \qquad (5-16)$$

将方程(5-15)和方程(5-16)与特征线 C^+ 和 C^- 方程联立可求得 $H_{P1,NS}$,$Q_{P1,NS}$ 和 $H_{P2,1}$,$Q_{P2,1}$。

(4)管道分支节点。

在管网系统中,存在三通等管道分支的情况,如图 5-4 所示。

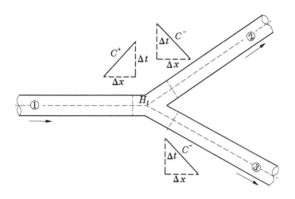

图 5-4　管道分支示意图

设节点前的管道编号为 1,分支后的管道编号为 2 和 3,忽略管道节点处的局部阻力损失,可近似看作各管道节点处的压力水头相等,再使用连续性方程,建立其相应的边界条件方程如下:

将式(5-17)和式(5-18)与特征线 C^+ 和 C^- 方程联立可求得 H_P,以及各管道节点处的瞬态流量。

$$H_P = H_{PLNS} = H_{P2,1} = H_{P3,1} \tag{5-17}$$

$$Q_{PLNS} = Q_{P2,1} + Q_{P3,1} \tag{5-18}$$

根据以上给出的特征方程,可建立灌溉管网系统的水力仿真过程,并以定常流作为系统的初始状态,得到各个节点的 (H_i, Q_i)。通过变换调节池水位和开启不同出水栓个数作为一种灌溉方式,而且每给出一种灌溉方式,通过该水力仿真模型,可以计算出该灌溉方式下每个节点的压力水头 H_{Pi} 和流量 Q_{Pi} 随灌水时间的变化过程,并判断该灌溉方式是否可行或者最优。

对灌区管网系统进行建模,得到每个管段、管件、出水口、水源的连接方式,进行节点编号和管段编号,对管段基本参数进行整理,包括管段节点编号、高程、管段长度、管径、管材等,形成数据库。

为方便形成计算机程序,并且针对多种管网布置形式(枝状、环状)均适用,管网恒定流计算方法主要包括求解环回路的校正流量方程"环路法",求解节点压力方程的"节点法"和求解管段流量的"管段法",以及"能量梯度方法"等。这些方法之间有相似之处,差异仅仅在于节点水头、管段流量在新的试算结果中被更新的方式不同。方便起见,这里采用能量梯度法。

假设具有 N 个连接节点和 NF 个已知水头节点(水池和水库)的管网。在节点 i 和 j 之间的管道流量—水头损失关系为

$$H_i - H_j = h_{ij} = rQ_{ij}^n + mQ_{ij}^2 \tag{5-19}$$

式中: H 为节点水头; h 为水头损失; r 为阻力系数(根据管材与雷诺数计算); Q 为流量; n 为流量指数; m 为局部损失系数。

同时必须满足所有节点的流量连续性:

$$\sum_j Q_{ij} - D_i = 0 \tag{5-20}$$

式中: D_i 为节点 i 的需水量,按照惯例,流入节点为正。

通过联立方程式(5-19)和式(5-20),求解未知节点的 H_i 和管段流量 Q_{ij}。

梯度方法开始估计每一管道的初始流量,不必满足流量连续性,在每一次迭代中,通过求解矩阵方程找到节点水头:

$$AH = F \tag{5-21}$$

式中: A 为雅可比矩阵($N \times N$); H 为未知节点水头的向量($N \times 1$); F 为右侧向量($N \times 1$)。

雅可比矩阵的对角线元素为

$$A_{ij} = \sum_j P_{ij} \tag{5-22}$$

同时非零、非对角线项为

$$A_{ij} = -P_{ij} \tag{5-23}$$

式中: P_{ij} 为节点 i 和节点 j 之间管段水头损失关于流量求导的导数。对于管道

$$P_{ij} = \frac{1}{nr \mid Q_{ij} \mid^{n-1} + 2m \mid Q_{ij} \mid} \tag{5-24}$$

右侧每一项包含了节点中净流量的不平衡与流量校正因子之和:

$$F_i = \left(\sum_j Q_{ij} - D_i \right) + \sum_j y_{ij} + \sum_f P_{if}H_f \tag{5-25}$$

式中,最后一项用于任何将节点 j 连接到已知水头节点 f 的管段,流量校正因子 y_{ij} 对于管道为

$$y_{ij} = P_{ij}(r \mid Q_{ij} \mid^n + m \mid Q_{ij} \mid^2)\,\mathrm{sgn}(Q_{ij}) \qquad (5\text{-}26)$$

在求解式(5-21),计算新的水头之后,新的流量为

$$Q_{ij} = Q_{ij} - \left[y_{ij} - P_{ij}(H_i - H_j) \right] \qquad (5\text{-}27)$$

如果绝对流量变化之和相对于所有管段的总流量大于容许数值(例如 0.001),那么式(5-21)和式(5-27)重新求解。流量更新公式(5-27),总是使迭代之后每一节点的流量连续。

5.3 模型寻优运行流程

建立灌溉管网优化调度耦合模型中包含了管网水动力学模型,模型的求解实际上是对轮灌方式进行寻优计算,先选择一个 M,并按规则分配 x_{ij} 矩阵,把分配的轮灌方式输入到管网水动力学模型中进行计算,得到各节点的压力流量变化过程,如符合约束条件则计算目标函数值。再分配下一个 x_{ij} 矩阵进行计算,直到找到最优的轮灌方式。寻优过程见图 5-5。

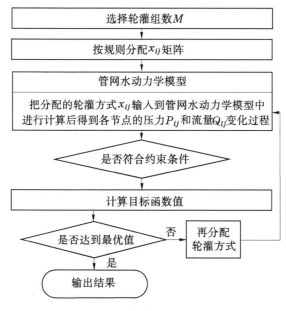

图 5-5 模型运行流程图

第6章　节水灌溉适应性评价技术

　　"适应性"最早指生物自身机能和行为为了适应生存环境而做出的不断调整和变异。"适应"在《辞海》中为"生物在生存竞争中适合环境条件而形成一定形状的现象,它是自然选择的结果"。人类一直在学习如何适应生存环境,也对生物"适应性"机制不断理解与把握,"适应性"的概念逐渐被扩展到其他学科的研究领域,被描述为"功能有机体"在与其所处"客观环境"(包括自然环境、社会环境、人文环境)相互作用的过程中,改变自身条件以适应环境并对环境造成相应影响的过程。

6.1　节水灌溉地区适应性评价指标体系

　　指标是衡量目标的单位或方法。指标是对结果,也就是对目标的一般性描述。指标体系指的是若干个相互联系的统计指标所组成的有机体。指标体系(Indication System,IS)的建立是进行预测或评价研究的前提和基础,它是将抽象的研究对象按照其本质属性和特征的某一方面的标识分解成为具有行为化、可操作化的结构,并对指标体系中每一构成元素(指标)赋予相应权重的过程。科学公正的评价指标体系关系到评价结果是否科学可靠,统计学认为指标数量多、范围广,有利于判断和评价,则评价结果就越科学可靠。指标数量多和范围广易增加确定指标难度,有时会导致偏离方案本质特性。目前,存在评价指标体系逻辑结构和数量结构建立不合理,指标体系不完整,评价指标与评价目标关联性不大或无关联性等问题。节水灌溉地区适应性评价指标体系包括技术适应性指标、社会适应性指标、经济适应性指标和环境适应性指标,各个指标之间具有深度的内在联系、阶梯状层次和排序组合。因为其指标既有主观性的指标,也有客观性的指标,在对其各类评价指标确定时,就需采用主客观相结合的方法进行评价。

6.1.1　评价指标体系构建原则

苏为华认为评价指标体系构建原则基本就是指标体系定性选取的原则,两者的区别是构建原则包括了比选取原则更广泛的内容,前者是"从无到有"的过程,后者是"从有到优"的过程。节水灌溉是由水源开发与优化利用技术、节水灌溉工程技术、节水高效农艺技术和节水管理技术等几部分组成的一个系统,具有结构复杂、层次多、各子系统之间互有输入和输出、多重反馈、非线性和量化难等的特点。因此,目前还不可能用少数几个指标来评价节水灌溉技术地区适应性,而必须用多重指标组成一个有机的整体,建立指标体系来综合评价节水灌溉技术的地区适应性。评价指标体系是适宜性评价的基础,应遵循以下构建原则:

(1)科学性原则。整个综合评价指标体系从指标选取和结构到计算方法都必须科学、合理、准确,而且能够全面完整地度量各个主要影响因素对区域节水灌溉发展的影响程度。

(2)目的性原则。为了使评价结论科学合理地反映评价意图,指标体系的构成应根据综合评价目的来逐层展开。

(3)地域性原则。指标体系的建立应能体现当地发展节水灌溉面临的技术、经济、社会和环境等问题。

(4)可操作性原则。指标体系中的每一个指标都必须是可操作的,指标在选取时尽量利用现有统计资料或通过抽样或典型调查获得指标数据,指标应具有可测性、可比性和易于量化等特性。

(5)稳定性原则。要选择节水灌溉技术应用影响较为稳定的代表性综合指标和主要指标,避免指标之间的交叉、重复和干扰。

6.1.2　指标体系初选方法

　　苏为华在《多指标综合评价中的其他理论与方法的研究》中认为"综合评价指标体系的初选方法有分析法、综合法、交叉法等,但最基本的还是分析法"。本书单项指标初选采用综合法和专家法,指标体系构建采用层次分析法和专家法。综合法原理:首先收集国内外学者对节水灌溉评价中的指标群,其次按一定的标准进行聚类和分析整理,然后进行条理化处理,最后构架标准化和体系化的指标体系。综合法适用于对已有评价指标体系的完善。分析法原理:正确理解评价对象的内涵及外延范围,理清评价的总目标与子目标;再对子目标进一步分解并重复分解过程,直到获得用不同数量指标来反映的子目标,并设计它各层次的定性或定量指标。

6.1.3　指标体系测验与优化

　　节水灌溉地域适应性指标体系初选只是给出了指标可能全集,而不是充分必要的指标集合,没有体现指标之间数据上的亲疏关系与相似关系,因此需对初选的指标体系进行完善化处理。综合评价指标体系检验除考虑指标体系的完整、正确与可靠外,还应着重考虑体系元素的必要性,更加注重指标体系的评价、预测及决策功能。节水灌溉地域适应性指标体系对单个指标的科学性进行单体检验之外,有必要对体系的整体性进行检验;检验方法采用定性和定量相结合的方法,以定性法为主,定量法为辅。

　　节水灌溉地区适应性评价指标体系测验与优化之前,首先要对定性和定量指标进行无量纲化处理。罗金耀等学者认为定量指标的无量纲化方法主要有"线性极差变换法"和"比例变换法"等。一般,定性指标本身无数值而难于量化,其多受政策和主观因素影响。周华荣在《新疆生态环境质量评价指标体系研究》一文中认为可用"直接量化法"和"间接量化法"来归一定性指标。为了降低定性指标量化的难度,本书在调研与收集资料的基础上,采用专家评分法和层次分析法确定定性指标的量值。

1998 年,苏为华在《论统计指标测验》一文中认为"单体测验就是对整个评价体系中的每个单项评价指标的可行性、正确性和真实性三个方面进行分析"。选取的单项指标在技术和经济两方面必须科学可行。具体讲,首先就是单项指标的计算方法和范围及计算内容应该科学;其次就是收集的数据资料的质量高低程度决定能否满足综合评价方法的需要。单项评价指标的内容包括:单项指标的计算内容是否完整和合理,指标选择的计算方法是否正确,数据来源是否可行、真实和准确;单项指标检验方法;一般可分为信度检验和逻辑检验两类,信度检验的方法有定性分析法和定量分析法,其中逻辑测验(关键点检验、效度检验报告、方向检验、可行性检验等)最为关键。

苏为华在其博士论文《多指标综合评价理论与方法问题研究》中认为"综合评价指标体系的整体测验主要是检查整个评价指标体系中指标之间的协调性、整体必要性、整体齐备性"。协调性是指组成综合评价指标体系的所有指标相互之间在有关计算方法、计算范围上应协调一致而不能相互矛盾。必要性是指构成综合评价指标体系的所有元素从全局出发是否都是必不可少的,有无冗余现象。必要性的测验可采用定性分析与定量分析相结合的方式。齐备性是指综合评价指标体系是否已全面地、毫无遗漏地反映了最初的描述评价目的与任务,齐备性检验则是分析评价指标体系的"和"是否为"全集",一般是通过定性分析进行判断。

6.2 适应性评价指标体系构建过程

综合评价指标体系就是要构建一个多层次、多角度的信息系统,其能够反映特定评价对象的数量规模与数量水平,该系统由系统元素(每个指标就是一个系统元素)和系统结构(各个指标之间的相互关系就是系统结构)两个方面组成。

6.2.1 单项指标的构造

首先要弄清评价指标体系的系统元素是由哪些指标组成的,然后要明确各指标的概念、计算范围与计算方法及计量单位,它们是综合评价指标体系的基础。通常情况下,多数指标都能较容易获得,个别指标需要计算获得。单项指标构建和转换设计过程见图6-1。

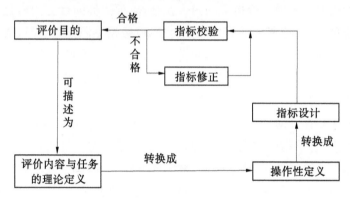

图6-1 单项评价指标构建与转换过程

6.2.2 构建系统结构层次方法

对于具有多层次的评价目标,只有科学合理地梳理指标之间的层次结构与相互的关系,才能获得准确的评价结果,才能提高评价效率。从国内外研究进展可以看出,目前对节水灌溉的评价已不能仅单单考虑一个方面,单纯地从经济或技术要素考虑节水灌溉的成效难以体现综合效益,尤其在涉及不同地域的适应性时,因此节水灌溉的地域适应性评价应以综合评价为主。节水灌溉地区适应性评价指标构建流程见图6-2。

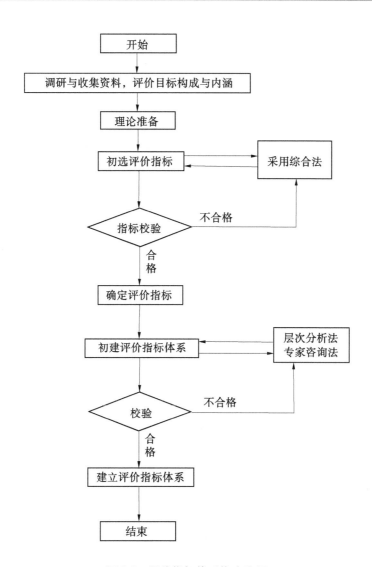

图 6-2 评价指标体系构建流程

6.3　指标体系构建

6.3.1　指标初选

邱东教授在我国较早开展了指标体系筛选和构建的研究工作，1991 年在《多指标综合评价方法的系统分析》一书中将评价指标概化为定性和定量两类，并确立选取定性指标的五条基本原则，即目的性、全面性、可行性、稳定性与评价方法协调性，在多指标综合评价实践时，都依据其提出的基本原则进行定性指标的选取。

王硕平、邱东、张尧庭等众多学者在定量评价指标选取时做了大量的工作，取得的成果有"数学方法来选取定量社会经济指标，条件广义方差极小原则来选择评价指标，用主成分分析法解决指标筛选中的问题，数理统计方法（系统聚类与动态聚类、极小广义方差、主成分分析法、极大不相关法等）选取评价指标"。在评价指标体系构架方法研究上，何湘藩提出了最优评价指标体系的构建思想和方法，认为评价值离差最大的指标体系就是最优评价指标体系，并建立了最优评价指标体系。王庆石研究了以"复相关系数法""逐步回归法""主成分分析法"等分析法来消减统计指标间信息重选的问题。苏为华在其博士论文《多指标综合评价理论与方法问题研究》中"探讨了统计指标体系构造原理，单指标测验与整体测验的理论，并用于建立综合评价指标体系的实践。

徐建新在《灌区水资源评价及节水高效灌溉专家系统》博士论文中建立了灌区水资源评价及节水高效灌溉专家系统，将该系统由经济、技术、资源与环境四个方面组成，细分为 22 个具体的评价指标。吴景社等分析了节水灌溉主要影响因素及效能表现形式，依据科学性、简优性、可操作性及针对性等原则，在对综合采用专家评分法、Delphi 法、层次分析和隶属度等方法选取的评价指标进行非量纲化处理与检验的基础上,确定了区域评价的综合评价指标体系,并依据现有规划、规范及发展现状对所选指标进行了分级,为开展节水灌溉综合效应评价提供了基础。韩振中等在《大型灌区现代化建设标准与发展对策》中,确定灌区现代化评价指标为安全保障、灌溉排水、管理与服务、效率与效益、生态环境等5类20项指标。黄丽丽等为定量评价区域水资源规划的合理性,构建了水资源规划协调发展多层递阶评价指标体系,指标体系准则层由社会经济子系统发展指标、水资源子系统发展指标和生态环境子系统发展指标组成,并采用变权—多层可变模糊模型进行评价。王书吉、费良军等在灌区节水改造项目综合后评估中,选用两种不同原理的综合赋权法对灌区节水改造资源性效益评价指标权重进行了确定,并分别应用得出的权重值计算了灌区节水改造资源性效益综合评价值。杜丽娟等指出灌区节水改造环境效应评价研究的发展趋势是加强节水灌溉对环境影响的机制方面的研究,科学选取灌区节水改造环境效应评价因子,合理构建灌区节水改造环境效应评价指标体系和建立灌区节水改造环境效应评价模型。

从国内外研究进展可以看出,目前对节水灌溉的评价如果仅单纯地从经济或技术要素考虑节水灌溉的成效难以体现综合效益,尤其在涉及不同地域的适应性时。因此,节水灌溉的地域适应性评价应以综合评价为主。

6.3.2 层次分析法建立步骤

6.3.2.1 递阶层次结构

明确各个层次的因素及其位置,并将它们之间的关系用连线连接起来,就构成了递阶层次结构。将综合评价结果设为 V,地域技术适应性指标、地域经济适应性指标、地域环境适应性指标和地域社会适应性指标可分别表示为 V_1、V_2、V_3 和 V_4。二级子指标分别为 $V_1 = \{V_1^{(1)}, V_1^{(2)}, V_1^{(3)}, \cdots, V_1^{(n)}\}$、$V_2 = \{V_2^{(1)}, V_2^{(2)}, V_2^{(3)}, \cdots, V_2^{(n)}\}$、$V_3 = \{V_3^{(1)}, V_3^{(2)}, V_3^{(3)}, \cdots, V_3^{(n)}\}$、$V_4 = \{V_4^{(1)}, V_4^{(2)}, V_4^{(3)}, \cdots, V_4^{(n)}\}$。

6.3.2.2　构造两两比较判断矩阵

对各指标之间进行两两对比之后,然后按 9 分位比率排定各评价指标的相对优劣顺序,依次构造出评价指标的判断矩阵 A。

$$A = \begin{bmatrix} 1 & a_{12} & \cdots & a_{1n} \\ a_{21} & 1 & \cdots & a_{2n} \\ \vdots & \vdots & 1 & \vdots \\ a_{n1} & a_{n2} & \cdots & a_{nn} \end{bmatrix}$$

式中:A 为判别矩阵,a_{ij} 为要素 i 与要素 j 重要性比较结果,并且有如下关系:

$$a_{ij} = \frac{1}{a_{ji}}$$

a_{ij} 有 9 种取值,分别为 1/9、1/7、1/5、1/3、1/1、3/1、5/1、7/1、9/1,分别表示 i 要素对于 j 要素的重要程度由轻到重。

层次分析法的一个重要特点就是用两两重要性程度之比的形式表示出两个方案的相应重要性程度等级。如对某一准则,对其下的各方案进行两两对比,并按其重要性程度评定等级。a_{ij} 为要素 i 与要素 j 重要性比较结果,表 6-1 列出 Saaty 给出的 9 个重要性等级及其赋值。按两两比较结果构成的矩阵称作判断矩阵。

表 6-1　比例标度表

重要程度	同等重要	稍微重要	较强重要	强烈重要	极端重要	中间值
量化值	1	3	5	7	9	2,4,6,8

6.3.2.3　计算备选指标的权重

关于判断矩阵权重计算的方法有两种,即几何平均法(根法)和规范列平均法(和法)。

1. 几何平均法(根法)

计算矩阵 A 各行各个元素的乘积,得到一个 n 行一列的矩阵 B;计

算矩阵 **B** 中每个元素的 n 次方根得到矩阵 **C**；对矩阵 **C** 进行归一化处理得到矩阵 **D**；该矩阵 **D** 即为所求权重向量。

2. 规范列平均法（和法）

矩阵 **A** 每一列归一化得到矩阵 **B**；将矩阵 **B** 每一行元素的平均值得到一个一列 n 行的矩阵 **C**；矩阵 **C** 即为所求权重向量。

6.3.2.4 一致性检验

当判断矩阵的阶数 $n>2$ 时，通常难以构造出满足一致性的矩阵来。但判断矩阵偏离一致性条件又应有一个度，为此必须对判断矩阵是否可接受进行鉴别，这就是一致性检验的内涵。

定理：假设 λ 是正互反矩阵 **A** 的最大特征值则必有 $\lambda \geqslant n$，其中等式当且仅当 **A** 为一致性矩阵时成立。

应用上面的定理，则可以根据 $\lambda = n$ 是否成立来检验矩阵的一致性，λ 比 n 大得越多，则非一致性程度就越严重。因此，定义一致性指标 1) CI 越小，说明一致性越大。考虑到一致性的偏离可能是由随机原因造成的，因此在检验判断矩阵是否具有满意的一致性时，还需将 CI 和平均随机一致性指标 RI 进行比较，得出检验系数 CR，即 2) 如果 CR<0.1，则认为该判断矩阵通过一致性检验，否则就不具有满意一致性。其中，随机一致性指标 RI 和判断矩阵的阶数有关，一般情况下，矩阵阶数越大，则出现一致性随机偏离的可能性也越大，其对应关系如表6-2所示。

表6-2 平均随机一致性指标 RI 标准值

矩阵阶数	1	2	3	4	5	6	7	8	9	10
RI	0	0	0.58	0.90	1.12	1.24	1.32	1.41	1.45	1.49

可见，层次分析法不仅原理简单，而且具有扎实的理论基础，是定量与定性方法相结合的优秀的决策方法，特别是定性因素起主导作用

的决策问题。

6.3.3　构建指标体系

苏为华认为,在评价中应充分发挥人的主观判断,不能过度追求复杂的数学方法来筛选定量指标体系,从而确保指标体系的全面性。按照难易适中、可操作性强、经济可行、数据可信、技术先进等要求,通过查阅国内外研究文献,按照专家咨询法和层次分析法的原理构建了节水灌溉地域适应性指标体系,如表6-3所示。

表6-3　指标体系递阶层次结构

目标层	准则层	指标层	
节水灌溉技术地域适应性评价体系 A	地域技术适应性 B_1	灌溉工程供水能力	C_1
		灌溉水有效利用系数	C_2
		灌水均匀度	C_3
		运行安全可靠性	C_4
		运行管理难易程度	C_5
	地域经济适应性 B_2	单方水效益	C_6
		年节支增收额	C_7
		投资回报期	C_8
	地域环境适应性 B_3	水源适应性	C_9
		田块适应性	C_{10}
		气候适应性	C_{11}
		作物适应性	C_{12}
		对区域生态环境的影响	C_{13}
	地域社会适应性 B_4	地域政策适应性	C_{14}
		地域生产服务体系适应性	C_{15}
		群众欢迎程度	C_{16}

第一层为目标层,即节水灌溉技术地域适应性评价体系,利用该体系的一系列指标,即可对某种节水灌溉技术的地域适应性展开评价。

第二层为准则层,分为4个方面:

(1)地域技术适应性。无论在何种地域环境,选择和实施某一种节水灌溉技术的前提必须是保证该灌溉方式在此地域条件时能满足最基本的技术规范要求。如:滴灌均匀度应达到90%等。

(2)地域经济适应性。一种灌溉方式能带来多大的经济效益,增产增收多少,是投资者和受益者均会考虑的问题,其效益大小也是灌溉方式能否适应和进一步推广的重要影响因素。

(3)地域环境适应性。主要是指灌溉方式对地域自然、生态、环境条件和作物种植的适应性,能在某地域综合环境特征下发挥最好的效益。

(4)地域社会适应性。即节水灌溉技术对当地社会、政策、农民的适应性,或称为符合度和受欢迎程度。

第三层为指标层,对准则层4个方面的各个指标进行确定:

(1)地域技术适应性。

参照技术规范,寻找不同灌溉方式共性,将其分成5类指标:①灌溉工程供水能力;②灌溉水有效利用系数;③灌水均匀度;④运行安全可靠性;⑤运行管理难易程度。以此来考察不同节水灌溉技术在不同地域的适应性。

(2)地域经济适应性。

从经济性方面考虑灌溉方式的适应性,从量和周期两个方面考虑,分成3个指标:①单方水效益;②年节支增收额;③投资回报期。

(3)地域环境适应性。

从自然环境适应性角度考虑,分为5个指标:①水源适应性;②田块适应性;③气候适应性;④作物适应性;⑤对区域生态环境的影响。

(4)地域社会适应性。

从政策、技术服务能力和群众等方面,分为3个指标:①地域政策适应性;②地域生产服务体系适应性;③群众欢迎程度。

6.4　节水灌溉典型地域适应性综合评价

目前,国内外在综合评价方法研究与应用方面存在过于重视对评价理论与方法的改进,反而忽略或混淆了评价的真正目的,即没有正确区分把握事前评价、事中评价和事后评价的不同,容易导致评估结果偏离评估目标。据此,作者认为,只有构建科学合理的评价指标体系才能得出科学公正的综合评价结论。

6.4.1　何谓评价

美国学者约翰·杜威认为"评价"就是通过引导行为而创造价值、确定价值的一种判断,是一种对价值可能性的判断,对一种尚未存在的、有可能通过活动而被创造出来的价值承载者的判断;他进一步分析指出"从内容上看,评价是关于经验对象的条件与结果的判断;从功能上看,评价是对于我们的期望、情感和享受的形成应该起着调节作用的判断;从形成方式看,评价是由对象的条件与结果的探究而获得结论"的。

评价通常是指按照一定的标准(标准可以是客观的或主观的,明确的或相对模糊的,定性的或定量的)对一件事或人物进行判断、分析后的结论,评价既是一种认知过程,同时也是一种决策过程,是认识事物的重要手段之一。评价过程应尽量准确并符合客观的认识,评价结果才能为科学决策提供必要的技术支持。综合评价相对于单项评价,评价标准具有复杂性,评价标准比较单一且明确称为单项评价,评价标准复杂和抽象则属于综合评价。综合评价概指对以多属性体系结构描述的对象系统做出全局性的和整体性的评价,即对评价对象的全体,根据所给的条件,采用一定的方法给每个评价对象赋予一个评价值,再据此择优或排序。节水灌溉是包含多学科、多环节、多层次的复杂系统,其评价指标还要统筹考虑社会、经济和环境的相互作用和影响,只有采用综合评价才能得到其相对科学的评价结果。

6.4.2　综合评价理论与方法概述

6.4.2.1　综合评价理论

Feyerabend P 认为任何一门学科的研究都要以科学的基础理论作为基础。陈世清认为"基础理论"是指一门学科的基本概念、范畴、判断与推理,在本学科研究中起基础性作用并具有稳定性、根本性、普遍性特点的理论原理。Weick 认为科学的理论需要满足普适性、精确性与简洁性三个标准。多指标综合评价分析是认识和研究评价对象的基本工具,是现代管理决策的基础,是在多个学科交叉融合的基础上发展起来的实用性很强的学科,被广泛地应用于国民经济各个方面。多指标综合评价方法是将描述事物的多个指标的信息综合汇集,从而得出对该事物一个整体评价的方法;其基本思路在于把指标数值维转化为指标评价值维,然后把由指标个数维和指标评价值维构成的两维空间转化为综合评价值维(降维)。最后,由三维空间变成了由时(空)间维和综合评价值维组成的两维空间,就可以比较不同时(空)间。其借鉴了决策科学、社会科学、统计学等其他学科的理论和方法,形成了基于统计决策的综合评价理论、基于政策科学的综合评价理论和基于一般社会科学的综合评价理论。

综合评价理论的起源和发展与统计科学、决策科学、政策科学、社会科学的产生和发展密不可分。19 世纪 80 年代,统计学理论和方法成为综合评价理论与方法的基础学科,Edgeworth 和 Spearman 论文中讨论了不同指标如何加权的问题和统计综合过程中不同加权的作用;德国经济学家 Etienne 提出了用基期价格或数量来衡量当期的价格或数量的拉氏指数;Pareto(1896)借鉴经济学和运筹学理论提出了决策由单目标到多目标的转变,拉开了多目标决策理论的序幕。Neumann 和 Cooper 等分别提出了多目标决策问题;一种非参数统计方法(DEA)

的数据包络分析方法,明确地将多准则决策(MCDM)分为多目标决策(MODM)和多属性决策(MADM),这些研究成果进一步加快了多准则决策理论与方法的发展。综合评价理论的核心是统计和决策,是用统计和决策的思想来解决多指标综合评价方案在将来、现在或未来某一个时间点或时间段的排序和优选问题。

多指标综合评价分析是现代管理决策的理论基础,是认识和评价研究对象的工具。按照指标权重产生的方式可分为主观法和客观法两类。主观法是根据人的经验给出权数大小,再对指标进行综合评价,主观定权法包括层次分析法、综合评分法、功效系数法、指数加权法和模糊评价法等。客观法是根据指标定量信息来构建综合评价模型,以自身的作用和影响确定权数进行综合评价。这类方法有熵值法及主成分分析、变异系数法、聚类分析、判别分析等多元分析方法。综合评价方法种类繁多,各有优缺点,也有其适应条件。

6.4.2.2　常用的综合评价方法

1. 层次分析法

层次分析(The Analytic Hierarchy Process,AHP)法于20世纪70年代首先由美国著名运筹学家匹兹堡大学教授TL. Saaty 提出,是一种主观(定性)与客观(定量)相结合的多准则决策分析方法,具有分解、判断、综合等自主决策特征。目前,AHP 法是较为科学合理、简单、成熟地确定指标权数的一种主观赋权方法,在多个学科被广泛使用。AHP法的基本原理:是将影响评价结果的各种复杂元素,按影响程度分成主次不同递阶层结构,并按问题分解为各个组成元素,将这些元素按支配关系分组形成有序的递阶层结构, 同层次的各种要素以上一层要素为准则,通过两两比较判断定量化并计算出各要素的权重,最终依据综合权重的最大权重原则确定最优方案。

2. 专家赋权法

专家赋权法也叫德尔非(Delphi)法,其基本原理是根据事先设定的程序以匿名方式选择相关专家,为预防专家之间互相影响,被调查专家只与调查者单线联系。通过向专家发放调查表,调查人员整理统计上一轮调查结果,形成反馈意见,再将反馈意见作为下一轮评价的参考材料,多轮重复"反馈"与赋权过程,达到预设精度后为止,最终以各专家最后一轮预测值的均值组合评价。该方法综合考虑了指标的重要性、专家的权威性和积极性,并对专家意见的集中度、协调系数和变异系数进行了计算和显著性检验,专家赋权值接近于正态分布,具有可靠、应用广、代表性好等优点;缺点是耗时长、费人力与物力、专家主观因素影响大及过程较烦琐。

3. 专家打分法

专家打分法是一种对定性指标进行量化的一种主观赋权评价方法。专家根据自己掌握的知识和经验,在定量和定性分析的基础上,通过对不同指标进行打分来做出定量评价。专家打分法原理是先选定评价指标,然后分别评价每个指标的等级,赋予每个指标不同的等级分值,最后采用加法评分法、连乘评分法或加乘评分法求出各方案的总分值,从而得到评价结果。当评价结果主要由人和政策等主观因素而不是由技术因素决定时,专家评分法则具有较大优势;反之,暴露出个人评价的片面性,评价结论的缺乏客观性、公正性和科学性。为了克服专家打分法的不足,人们又根据每个指标重要程度和专家知名度的大小,提出了加权评分法。

4. 模糊综合评价法

模糊综合评价法由目标集和评定集构成,属于一种对评判对象做出模糊评价的主观定权法。若评价指标中定性成分较大,适合采用此方法来解决评价问题。其基本原理:首先建立目标集和评定集,然后确定各个指标隶属函数和权重及各层次的隶属度,经模糊合成得到多因素综合评判集,最后通过计算得到系统总隶属度,再以总隶属度的大小对每一个评价对象进行综合评价。该方法具有无需量纲化就能较好解决人判断和定性信息的模糊性,缺点是过多依赖主观因素确定各指标权重,导致在模糊隶属函数确定和指标参数的模糊化过程中丢失有用的信息。

5. 主成分分析法

主成分分析法是将多个变量指标转换为较少综合变量指标的一种最常用的多元统计分析方法,按权重产生的方式又是一种主观赋权法。其基本原理和步骤为:先将各指标进行无量纲化处理;再通过分析得到各指标数据间相关系数矩阵 R;然后计算其特征根、特征向量和权重;最后合成各指标,从而得到综合评价值。主成分分析法与其他方法相比,优点是减少了选择指标的工作量,降低了各评价指标之间相互影响程度,能更好地处理各评价对象的相互关系;缺点是主要采用线性分析方法,没有体现各指标间的非线性关系,有可能导致评价结果的出现较大的偏差,且在分析过程中需要样本数据较多。

6. 熵权评价法

熵是系统无序程度的一个度量。物理学上指热量转化为功的程度;科学技术上泛指某些物质系统状态的一种量度;信息论中熵表示的是不确定性的量度。熵权法是一种客观赋权方法。基本原理:信息是系统有序程度的一个度量,熵是系统无序程度的一个度量;如果指标的信息熵越小,该指标提供的信息量越大,在综合评价中所起作用理当越大,权重就应该越高。该法是基于指标客观信息量来确定熵值,所以评价结果较符合客观实际,具有较强的数学理论依据,但没有考虑决策人的主观判断对评价结果的影响,因此只适用于指标层构权的相对评价而不适用于中间层构权的绝对评价。

7. 投影寻踪法

为了更好地分析高维非正态分布数据,投影追踪法就此产生。相较于传统分析方法,投影寻踪(projection pursuit)是新兴的统计方法,该法能够较好地处理和分析高维非正态和非线性数据,对分析高维非正态分布数据和找到数据的内在规律和特征有较大帮助。其基本原理是将高维数据投影到低维(1~3维)子空间上,寻找出反映原高维数据的结构或特征的投影,以达到研究和分析高维数据的目的。投影寻踪技术在对高维数据分析中,能较好地保留数据自身的特征信息,还能体现出各评价指标对综合评价结果的影响度,避免了信息丢失和人为干扰。

6.4.2.3 综合评价理论与方法存在问题

通过分析对比,目前国内外在综合评价方法研究与应用方面存在以下几点问题:①过于重视对评价理论与方法的改进,反而忽略或混淆了评价的真正目的,即没有正确区分把握事前评价、事中评价和事后评价的不同,容易导致评估结果偏离评估目标。②构建的评价指标体系结构不合理;指标体系不完整;评价指标与评价目标关联性不大或无关联性。③要正确理解和区分自评估和他评估,其评估的目的、数据的来源、评估结果的利用方式等具有较大的差异。④由于难以找到评价结果的真实值,所以对综合评价方法的稳健性研究还较少且不系统。⑤不同的评价方法由于其逻辑结构、数量结构和运作机制各异,往往导致评价结论不一致。如何解决不同评价方法的评价结论非一致性问题的研究较少。⑥研究者过于追求评价方法复杂性和自动化,认为评价方法的数学表达式越复杂,自动化越高,则评价结论就越科学。

6.4.3 节水灌溉综合评价方法研究概述

随着资源开发与环境的矛盾愈来愈突出,人们逐渐认识到只对工程进行技术和经济的评价已不能反映工程的真实效益,还必须综合考虑各方面的因素对工程进行综合评价。

早在20世纪80年代,许志方就提出以工程经济效益、工程增产效益、水资源利用、工程及设备利用、水费及综合经营管理、工程投资与回收年限等作为评价水利工程技术、经济的主要指标;黄修桥等提出以灌溉用水量、灌溉水利用系数、工程技术指标和效益为主的评价体系,并指出节水灌溉的效益不仅体现在节水、节能、节地、增产、省工外,还体现在转移效益、环境效益和替代效益等方面;康绍忠等提出以技术标准、经济标准、社会标准和环境标准来综合评估农业水管理的效益,以求真实反映灌排系统的运行状况、农田水分管理状况、作物增产和增效状况、农业水资源的综合利用状况和农田生态环境的运转状况;曹卫平在这四个标准下选择企业灌溉项目指标,对 QF 集团农业灌溉项目绩效进行了综合评价;Burt 等研制了专用程序以对灌溉系统进行综合评价,主要指标包括均匀度、喷灌强度、水滴打击强度、图形效率、运行特性(工作压力、喷头旋转情况)、环境指标(水质状况)、灌区特点(土壤、作物等)、作物腾发量、输水量、动力费、水费、节水、节能等;罗金耀等把微喷灌工程涉及的影响因素概化成政策类、技术类、经济类、资源类、环境类和社会类等六大指标,各类指标下又分次类指标,建立了包括42 个指标的微喷灌工程评价指标体系,并以此对广西凭祥市万亩节水灌溉工程用可能满意度评价方法和 12 个指标构成的模糊多目标决策评价理论进行了评价,获得了较为切合实际的方案;侯维东等提出包括财务评价、经济评价和社会评价的指标体系,利用改进的层次分析法和灰色关联法对山东省低压管道输水灌溉工程(世行贷款项目工程)的综合效益进行了评价;姚崇仁针对某一具体的灌溉方案,综合考虑工程的环境效益、经济效益和水别法、一览表法及网络法等。赵会强等运用神经网络理论,选取农业节水指数等八大指标对河北省 11 个地市的节水水平进行了评价,周明耀等运用递阶层次结构和灰色系统理论对江苏某市 11 处大型自流灌区进行了综合的灌溉节水管理评价,葛书龙提出了由工程、用水、经营、产出四大类 12 个子指标构成的指标体系,并用灰色系统理论对苏北的水利工程进行了分析评估。叶春兰等运用AHP 法,以牧区经济、社会、草原生态等为指标对牧区草地节水灌溉工程综合效果进行了评价。杨旭等根据节水灌溉工程的各种因素将其分为政策类指标、技术类指标、经济类指标、财务类指标、资源类指标、环境类指标和社会类指标七大类,并进一步按性质分成各种子类,建立综合评价指标体系;用层次分析法对各个指标进行了评价。吕朝阳、郭宗楼将灌区分为技术指标、生态环境指标和社会经济指标三种,并用层次分析法和专家群决策来确定各项指标中的权重系数,通过层次分析法结合实例对节水灌区效益进行了评价,得到了较为满意的结果。赵华等对建立了涉及技术因素、社会效益、经济效益和生态效益的综合评价指标体系,利用模糊数学的方法,建立了多层次的综合评价模型,对城市绿地节水灌溉的效益进行了评价。并根据对实例的计算,得出了模糊评价法的综合性、灵活性和不确定性。路振广、曹祥华通过深入调查已建工程和广泛征求咨询专家、行政领导和灌区管理人员以及农民的意见和建议,将其归纳为政策类指标、技术类指标、经济类指标、财务类指标、资源类指标、环境类指标和社会类指标共七大类,运用改进的二元相对比较法对定性指标进行量化,对节水灌溉工程进行综合评价。

吴景社、王景雷等对节水灌溉评估进行了详细的总结,并对区域节水灌溉综合评价进行了大量研究,而针对东北三省、甘肃、新疆的绿洲节水灌溉评估研究也时有报道。而随着灌区节水配套改造项目的实施和推动,灌区节水灌溉评估的相关研究也开展起来。武前明通过指标体系的建立和应用,分析了中型灌区节水配套改造的紧迫程度。

6.5　综合评价方法

通常采用加法合成进行综合评价,加法合成的基本公式为:

$$Z_{ik} = \alpha_{ik}v_{ik} \tag{6-1}$$

式中:Z_{ik} 表示第 i 层第 k 组评价矩阵,α_{ik} 表示对应于指标 v_{ik} 的权重向量。

但是层次分析法也有其缺陷与限制条件:判断矩阵是由评价者或专家给定的,因此其一致性必然要受到有关人员的知识结构、判断水平及个人偏好等许多主观因素的影响;判断矩阵有时难以保持判断的传递性;评价方案集中方案数的增减有时会影响方法的保序性;综合评价函数采用线性加权和式。因此,有属性的线性及独立性的限制,不能盲目应用。

在调研、测算的基础上确定各指标分值后,基于加权平均方法计算

综合评价分值,公式如下:

$$A = \sum_{i=1}^{N} \sum_{j=1}^{N} b_i c_j x \tag{6-2}$$

式中:A 为综合评价分值,采用 10 分制;b_i 为准则层权重,$i=1,2,3,4$;c_j 为指标层权重;x 为指标分值。

依据分值,将综合评价结果分为 4 个等级,如表 6-4 所示。

表 6-4 评价等级

等级	分值(10 分制)
优	8~10
良	6~8
中	4~6
差	0~4

6.6 各指标的含义和确定方法

体系中指标层各指标概念或内容如下。

(1)灌溉工程供水能力(A_1)。

灌溉工程供水能力是指灌溉工程从水源汲水满足灌溉区域需要的能力。其评价方法按现场调研和打分(10 分制),分级情况如表 6-5 所示。

表 6-5 灌溉工程供水能力分值确定

供水能力	满足	基本满足	供水不足	严重不足
分值	10	6	4	0

(2)灌溉水有效利用系数(A_2)。

灌溉水有效利用系数是指一次灌水期间被农作物利用的净水量与水源渠首处总引水量的比值。可用来衡量从水源引水到田间作物吸收利用水的过程中灌溉水利用程度,进而集中反映灌溉工程质量、灌溉技术水平和灌溉用水管理水平,对评价灌溉工程的优劣有重要指示意义。

灌溉水有效利用系数:按照首尾测定法计算。

$$A_2 = \sum_{i=1}^{n} m_i Z_i / W \qquad (6\text{-}3)$$

式中:m_i 为第 i 种作物的净灌水定额;Z_i 为第 i 种作物的实灌面积;W 为渠首总引水量;n 为灌区作物种植种类。

实际测算过程中,净灌水定额 m_i 通过参考田间典型监测、试验成果、文献收集等方法确定。渠首总引水量 W 根据机井首部安装的水表记录的引水量得到。作物种植种类 n 由现场调研取得(对于小型灌溉工程一般种植模式单一,$n=1$),实灌面积 Z_i 由现场咨询取得。灌溉水有效利用系数值介于 $0 \sim 1$。

灌溉水有效利用系数分值确定,实际操作中,参照《节水灌溉工程技术规范》(GB/T 50363—2018)对不同节水灌溉方式(管灌、喷灌、滴灌)灌溉水有效利用系数的标准:大型灌区不应低于 0.50,中型灌区不应低于 0.60,小型灌区不应低于 0.70,井灌区不应低于 0.80,喷灌区不应低于 0.80,微喷灌区不应低于 0.85,滴灌区不应低于 0.90。分别结合管灌、喷灌和滴灌设计标准值,评价将灌溉水利用系数测算值转化为 $0 \sim 10$ 的分值,如表 6-6~表 6-8。

表 6-6 管灌灌溉水有效利用系数分值确定

灌溉水有效利用系数(A_2)	分值	灌溉水有效利用系数(A_2)	分值
$A_2 \leqslant 0.4$	0	$0.86 < A_2 \leqslant 0.87$	6
$0.4 < A_2 \leqslant 0.6$	1	$0.87 < A_2 \leqslant 0.88$	7
$0.6 < A_2 \leqslant 0.8$	2	$0.88 < A_2 \leqslant 0.89$	8
$0.8 < A_2 \leqslant 0.82$	3	$0.89 < A_2 \leqslant 0.9$	9
$0.82 < A_2 \leqslant 0.84$	4	$A_2 > 0.9$	10
$0.84 < A_2 \leqslant 0.86$	5		

表 6-7　喷灌灌溉水有效利用系数分值确定

灌溉水有效利用系数(A_2)	分值	灌溉水有效利用系数(A_2)	分值
$A_2 \leqslant 0.45$	0	$0.91 < A_2 \leqslant 0.92$	6
$0.45 < A_2 \leqslant 0.65$	1	$0.92 < A_2 \leqslant 0.93$	7
$0.65 < A_2 \leqslant 0.85$	2	$0.93 < A_2 \leqslant 0.94$	8
$0.85 < A_2 \leqslant 0.87$	3	$0.94 < A_2 \leqslant 0.95$	9
$0.87 < A_2 \leqslant 0.89$	4	$A_2 > 0.95$	10
$0.89 < A_2 \leqslant 0.91$	5		

表 6-8　滴灌灌溉水有效利用系数分值确定

灌溉水有效利用系数(A_2)	分值	灌溉水有效利用系数(A_2)	分值
$A_2 \leqslant 0.45$	0	$0.93 < A_2 \leqslant 0.94$	6
$0.45 < A_2 \leqslant 0.7$	1	$0.94 < A_2 \leqslant 0.95$	7
$0.7 < A_2 \leqslant 0.9$	2	$0.95 < A_2 \leqslant 0.96$	8
$0.9 < A_2 \leqslant 0.91$	3	$0.96 < A_2 \leqslant 0.97$	9
$0.91 < A_2 \leqslant 0.92$	4	$A_2 > 0.97$	10
$0.92 < A_2 \leqslant 0.93$	5		

（3）灌水均匀系数（A_3）。

灌水均匀系数是衡量灌水质量的一个重要指标，可反映灌水技术是否先进合理。灌水不均匀一方面是无法满足部分区域作物需水量要求，造成作物的减产和品质下降；另一方面会导致部分区域灌水过多产生深层渗漏，既浪费水资源又对作物造成不利影响。

灌水均匀系数为现场测算：在灌溉系统运行时，按规定在滴头下方布置集水器皿，如烧杯等，一般随机布置 10~20 个点，量测时段内各测点集水量，计算各点集水量平均值 $\bar{x}$：

$$\bar{x} = \frac{1}{n} \sum_{i=1}^{n} x_i \qquad (6-4)$$

并按式（5-4）计算灌水均匀系数，用 A_3 表示：

$$A_3 = 1 - \frac{\sum_{i=1}^{n} x_i - \bar{x}}{n\bar{x}} \tag{6-5}$$

式中：n 为测点样本数；x_i 为各测点水量，mm；$\bar{x}$ 为集水量算数平均值，mm。

综合评价中，测算的灌水均匀系数介于 0~1，最优值为 1.0，参照《节水灌溉工程技术规范》(GB/T 50363—2018) 对管灌没有做具体要求，固定喷灌式应不低于 0.75，行走式喷灌应不低于 0.85，滴灌区不应低于 0.90。分别结合喷灌和滴灌设计标准值，制定灌水均匀系数测算值转化为 0~10 的分值关系，如表 6-9~表 6-11 所示。

表 6-9　管灌灌水均匀系数分值确定

灌水均匀系数(A_3)	分值	灌水均匀系数(A_3)	分值
$A_3 \leq 0.2$	0	$0.6 < A_3 \leq 0.65$	6
$0.2 < A_3 \leq 0.3$	1	$0.65 < A_3 \leq 0.7$	7
$0.3 < A_3 \leq 0.4$	2	$0.7 < A_3 \leq 0.85$	8
$0.4 < A_3 \leq 0.5$	3	$0.85 < A_3 \leq 0.9$	9
$0.5 < A_3 \leq 0.55$	4	$A_3 > 0.9$	10
$0.55 < A_3 \leq 0.6$	5		

表 6-10　喷灌灌水均匀系数分值确定

灌水均匀系数(A_3)	分值	灌水均匀系数(A_3)	分值
$A_3 \leq 0.35$	0	$0.80 < A_3 \leq 0.84$	6
$0.35 < A_3 \leq 0.45$	1	$0.84 < A_3 \leq 0.86$	7
$0.45 < A_3 \leq 0.55$	2	$0.86 < A_3 \leq 0.88$	8
$0.55 < A_3 \leq 0.65$	3	$0.88 < A_3 \leq 0.9$	9
$0.65 < A_3 \leq 0.75$	4	$A_3 > 0.9$	10
$0.75 < A_3 \leq 0.80$	5		

表 6-11　　滴灌灌水均匀系数分值确定

灌水均匀系数(A_3)	分值	灌水均匀系数(A_3)	分值
$A_3 \leqslant 0.5$	0	$0.91 < A_3 \leqslant 0.92$	6
$0.5 < A_3 \leqslant 0.6$	1	$0.92 < A_3 \leqslant 0.93$	7
$0.6 < A_3 \leqslant 0.7$	2	$0.93 < A_3 \leqslant 0.94$	8
$0.7 < A_3 \leqslant 0.8$	3	$0.94 < A_3 \leqslant 0.95$	9
$0.8 < A_3 \leqslant 0.9$	4	$A_3 > 0.95$	10
$0.9 < A_3 \leqslant 0.91$	5		

(4)运行安全可靠性(A_4)。

运行安全可靠性是指灌溉系统运行安全、可靠、稳定,故障率低、事故率低。其评价方法按现场调研和打分(10 分制),分级情况如表 6-12 所示。

表 6-12　　灌溉工程供水运行安全可靠性分值确定

运行安全可靠性	可靠	基本可靠	偶有故障	故障多,报废高
分值	10	6	4	0

(5)运行管理难易程度(A_5)。

运行管理难易程度是指灌溉系统运行管理难易,是否方便操作。其评价方法按现场调研和打分(10 分制),分级情况如表 6-13 所示。

表 6-13　　灌溉工程供水运行管理难易程度分值确定

运行管理难易程度	非常容易	容易	难	非常困难
分值	10	6	4	0

(6)单方水效益(B_1)。

单方水效益是直接显示灌溉区域投入的单位灌溉水量的产出效果,可综合反映灌溉区域农业生产水平、灌溉工程状况和灌溉管理水平。它有效地把节约灌溉用水与农业产量结合起来,既避免了片面追求节约灌溉用水量而忽视农业产量的倾向,又防止了片面地追求农业增产而大量增加灌溉用水量的倾向,体现了水量投入的产出效率。

单方水效益计算公式如下:

$$B_1 = (Y_有/W_有 - Y_原/W_原)/(Y_原/W_原) \qquad (6\text{-}6)$$

式中:B_1 为单方水效益增加比例;$Y_原$、$Y_有$ 分别为实施节水灌溉前、后亩均收入额,元/亩;$W_原$、$W_有$ 分别为实施节水灌溉前、后作物生长期消耗的水量,$m^3/$亩。

实际测算过程中,亩均收入增加额是指与无节水灌溉措施相比作物增产带来的收入增加值,作物生长期消耗的水量是通过测算土壤含水率后再通过土壤水量平衡计算确定。其赋分标准如表6-14所示。

表6-14　单方水效益分值确定

单方水效益增加比(B_1)	分值	单方水效益增加比(B_1)	分值
$B_1 \leqslant 10\%$	1	$50\% < B_1 \leqslant 60\%$	6
$10\% < B_1 \leqslant 20\%$	2	$60\% < B_1 \leqslant 70\%$	7
$20\% < B_1 \leqslant 30\%$	3	$70\% < B_1 \leqslant 80\%$	8
$30\% < B_1 \leqslant 40\%$	4	$80\% < B_1 \leqslant 90\%$	9
$40\% < B_1 \leqslant 50\%$	5	$B_1 > 90\%$	10

(7)年节支增收额 B_2。

年节支增收额是衡量灌溉工程建设的重要经济指标,通过考察工程建设前后的节支和增收情况以确定工程的经济效益,包括节支和增收两个方面。其中:节支包括亩均节水、节电、节地、节工、节肥。增收即亩均增产量,是指与无节水灌溉措施相比,多年平均每亩所增加的粮食产量或收入。

①节水。节水灌溉亩均水量是指采用节水灌溉措施后每亩所节约的水量:

$$w = (W_常 - W_节)/W_常 \qquad (6\text{-}7)$$

式中:w 为节水比例;$W_节$ 为采用节水灌溉后的用水量,m^3/亩;$W_常$ 为传统灌溉条件下用水量,m^3/亩;

②节电。节水灌溉节电是指采用节水灌溉措施后每亩所节约的电量。

$$e = (E_常 - E_节)/E_常 \tag{6-8}$$

式中:e 为节电比例;$E_节$ 为采用节水灌溉后的用电量,千瓦时/亩;$E_常$ 为传统灌溉条件下用电量,千瓦时/亩。

③节地。节地是指采用节水灌溉后比不用节水灌溉所节约的用地面积。

$$ar = (A_常 - A_节)/A_常 \tag{6-9}$$

式中:ar 为节约耕地面积比例;$A_节$ 为采用节水灌溉后耕地面积,亩;$A_常$ 为传统灌溉条件下耕地面积,亩。

人口密集地区,节地比例小,一般在 0.005~0.01,以此为区间对 ar 进行标准化再进行综合评价。

④节工。节水灌溉节工是指采用节水灌溉后所减少的劳动投入工日。

$$g = (G_常 - G_节)/G_常 \tag{6-10}$$

式中:g 为节约工日比例;$G_常$ 为传统灌溉所投入的工日,工日;$G_节$ 为节水灌溉所投入的工日,工日。

⑤增产量。亩均增产量是指与无节水灌溉措施相比,多年平均每亩所增加的粮食产量。可用下式计算:

$$y = (Y_{q,1} - Y_{q,0})/Y_{q,0} \tag{6-11}$$

式中:y 为亩均增产比例;$Y_{q,1}$ 为节水灌溉 q 作物的平均亩产量,kg/亩;$Y_{q,0}$ 为非节水灌溉 q 作物的平均亩产量,kg/亩。

综合增产量是不同作物增收比例的平均值。

年节支增收额增加比例是包括节水比、节电比、节地比、节工比、增产比的综合评价结果,可按下式计算,分级情况如表 6-15 所示。

$$B_2 = \frac{1}{5}(w + e + ar + g + y) \tag{6-12}$$

表 6-15　年节支增收额分值确定

年节支增收额(B_2)	分值	年节支增收额(B_2)	分值
$B_2 \leqslant 10\%$	1	$50\% < B_2 \leqslant 60\%$	6
$10\% < B_2 \leqslant 20\%$	2	$60\% < B_2 \leqslant 70\%$	7
$20\% < B_2 \leqslant 30\%$	3	$70\% < B_2 \leqslant 80\%$	8
$30\% < B_2 \leqslant 40\%$	4	$80\% < B_2 \leqslant 90\%$	9
$40\% < B_2 \leqslant 50\%$	5	$B_2 < 90\%$	10

（8）投资回报期（B_3）。

投资回收期是指用投资方案所产生的净收益补偿初始投资所需要的时间，表征了投资回收时间长短，无论是对于投资方还是使用方都是一个重要的经济指标，其单位通常用"年"表示。投资回收期一般从建设开始年算起，也可以从投资年开始算起，计算时应具体注明。

$$投资回报期 = 工程投资额 / 年净效益 \times 100\% \qquad (6-13)$$

进行综合评价时，以设计投资回报期为标准值，具体评分方法如表 6-16 所示。

表 6-16　投资回报期分值确定

投资回报期（B_3）	分值	投资回报期（B_3）	分值
10 年以上	1	5 年	6
9 年	2	4 年	7
8 年	3	3 年	8
7 年	4	2 年	9
6 年	5	1 年以内	10

（9）水源适应性（C_1）。

水源适应性主要考察节水灌溉技术对区域水源的适应性，包括水量、水质、含沙量等，分级情况如表 6-17 所示。

表 6-17　水源适应性分值确定

水源适应性	分值
适应	10
需处理并能处理	5
不适应	0

(10)田块适应性(C_2)。

田块适应性主要考察节水灌溉技术对区域地块的适应性,包括地形、土壤、田块规格等,分级情况如表 6-18 所示。

表 6-18　田块适应性分值确定

田块适应性	分值
适应	10
需处理并能处理	5
不适应	0

(11)气候适应性(C_3)。

气候适应性主要考察节水灌溉技术对区域气候的适应性,包括风力、气温、无霜期、冻土深等,分级情况如表 6-19 所示。

表 6-19　气候适应性分值确定

气候适应性	分值
适应	10
不适应	0

(12)作物适应性(C_4)。

作物适应性主要考察节水灌溉技术对区域作物的适应性,包括作物品种、种植方式、农艺措施、农业机械收获模式等,分级情况如表 6-20 所示。

表 6-20　作物适应性分值确定

作物适应性	分值
适应	10
需处理并能处理	5
不适应	0

(13)对区域生态环境的影响(C_5)。

对区域生态环境的影响主要考察节水灌溉技术对区域生态环境的影响,如涵养地下水源、土壤盐碱改良等,分级情况如表 6-21 所示。

表 6-21　对区域生态环境的影响分值确定

对区域生态环境的影响	分值
积极影响显著	10
有积极影响	8
无影响	5
有环境恶化趋势	0
环境显著恶化	0

(14)地域政策适应性(D_1)。

地域政策适应性主要考察节水灌溉技术推广应用是否跟区域相关政策适应,满足当地农业发展规划要求等,分级情况如表 6-22 所示。

表 6-22　地域政策适应性分值确定

区域政策适应性	分值
非常适应	10
适应	6
部分不适应	4
不适应	0

(15)地域生产服务体系适应性(D_2)。

地域生产服务体系适应性主要考察节水灌溉技术推广应用是否跟区域生产服务体系配套,考察农户行为、村镇服务体系等,分级情况如

表 6-23 所示。

表 6-23　地域政策适应性分值确定

区域政策适应性	分值
非常适应	10
适应	6
部分不适应	5
不适应	0

(16)群众欢迎程度(D_3)。

受欢迎程度主要衡量节水工程建成后,农民进一步使用或附近农民采用节水工程的期望。它是一项重要的社会指标,一定程度上可以表达农民对节水灌溉工程的认可和喜爱程度及其使用能力。

通过现场咨询农民意愿,将群众欢迎程度分为非常欢迎、欢迎、一般 3 个等级。各级别评分方法如表 6-24 所示。

表 6-24　受欢迎程度分值确定

受欢迎程度	分值
非常欢迎	10
欢迎	8
一般	4

6.7　专家评分法确定典型区评价指标权重

通过专家评分法,确定各指标权重:指标确定后,先进行指标权重考核,发送调查表,涉及喷灌、滴灌、地面灌溉等科研人员。为进一步体现评价指标在不同地域的适应性,针对不同灌溉区域,选择不同指标权重。指标权重见表 6-25 ~ 表 6-27。

6.7.1　南方灌施增效区指标权重的确定

南方灌溉特点在于,南方水资源丰富,水源有保证,其灌溉多为补充灌溉或者以水为载体,实现水肥的高效利用,追求更高的经济效益。
南方灌施增效区节水灌溉技术适应性评价指标权重见表 6-25。

表 6-25 节水灌溉技术适应性评价指标权重(南方灌施增效区)

目标层	准则层	指标层	
节水灌溉技术地域适应性评价体系(1.0)	技术评价(0.17)	灌溉工程供水能力(0.18)	C_1
		灌溉水有效利用系数(0.13)	C_2
		灌水均匀度(0.23)	C_3
		运行安全可靠性(0.22)	C_4
		运行管理难易程度(0.24)	C_5
	经济效益(0.41)	单方水效益(0.26)	C_6
		年节支增收额(0.48)	C_7
		投资回报期(0.26)	C_8
	地域环境适应性(0.23)	水源适应性(0.21)	C_9
		田块适应性(0.22)	C_{10}
		气候适应性(0.16)	C_{11}
		作物适应性(0.24)	C_{12}
		对区域生态环境的影响(0.17)	C_{13}
	地域社会适应性(0.19)	地域政策适应性(0.28)	C_{14}
		地域生产服务体系适应性(0.32)	C_{15}
		群众欢迎程度(0.40)	C_{16}

6.7.2 华北都市农业区指标权重的确定

华北都市农业的特点在于追求高品质灌溉,更积极响应相关政策,
对区域生态环境影响的要求严格等。华北都市农业区节水灌溉技术适
应性评价指标权重见表 6-26。

表 6-26 节水灌溉技术适应性评价指标权重(华北都市农业区)

目标层	准则层	指标层	
节水灌溉技术地域适应性评价体系(1.0)	技术评价(0.19)	灌溉工程供水能力(0.21)	C_1
		灌溉水有效利用系数(0.24)	C_2
		灌水均匀度(0.21)	C_3
		运行安全可靠性(0.16)	C_4
		运行管理难易程度(0.18)	C_5
	经济效益(0.21)	单方水效益(0.30)	C_6
		年节支增收额(0.44)	C_7
		投资回报期(0.26)	C_8
	地域环境适应性(0.26)	水源适应性(0.19)	C_9
		田块适应性(0.17)	C_{10}
		气候适应性(0.14)	C_{11}
		作物适应性(0.24)	C_{12}
		对区域生态环境的影响(0.26)	C_{13}
	地域社会适应性(0.34)	地域政策适应性(0.40)	C_{14}
		地域生产服务体系适应性(0.28)	C_{15}
		群众欢迎程度(0.32)	C_{16}

6.7.3 西北常年灌溉区指标权重的确定

西北内陆常年干旱,水源保障难,提高灌溉水利用效率更具重要地位。西北常年灌溉区节水灌溉技术适应性评价指标权重见表 6-27。

表 6-27　节水灌溉技术适应性评价指标权重（西北常年灌溉区）

目标层	准则层	指标层	
节水灌溉技术地域适应性评价体系(1.0)	技术评价(0.19)	灌溉工程供水能力(0.21)	C_1
		灌溉水有效利用系数(0.24)	C_2
		灌水均匀度(0.21)	C_3
		运行安全可靠性(0.16)	C_4
		运行管理难易程度(0.18)	C_5
	经济效益(0.21)	单方水效益(0.30)	C_6
		年节支增收额(0.44)	C_7
		投资回报期(0.26)	C_8
	地域环境适应性(0.26)	水源适应性(0.19)	C_9
		田块适应性(0.17)	C_{10}
		气候适应性(0.14)	C_{11}
		作物适应性(0.24)	C_{12}
		对区域生态环境的影响(0.26)	C_{13}
	地域社会适应性(0.34)	地域政策适应性(0.40)	C_{14}
		地域生产服务体系适应性(0.28)	C_{15}
		群众欢迎程度(0.32)	C_{16}

6.8　层次分析法确定典型区评价指标权重

通过层次分析法确定各指标权重,包括建立问题的递阶层次结构、构造两两比较判断矩阵、计算比较元素相对权重和计算组合权重等四个步骤。其中,问题的递阶层次结构已在 6.3 节中建立,下面根据三种典型区(南方灌施增效区、华北都市农业区和西北常年灌溉区)的特点建立各层次指标的两两比较矩阵并计算相对权重及组合权重。下面分别对三种典型区进行计算。

6.8.1　南方灌施增效区

根据南方地区特点,分别对指标体系中各元素进行两两比较,赋值、计算权重及各判断矩阵的一致性检验结果见表 6-28~表 6-32。

表 6-28　层次 B 权重计算

总评价	B_1	B_2	B_3	B_4	权重	最大特征值
B_1	1	1/2	1/2	1	0.16	
B_2	2	1	2	3	0.43	4.05
B_3	2	1/2	1	2	0.27	
B_4	1	1/3	1/2	1	0.14	

$C.I. = 0.015\ 3$　　$R.I. = 0.89$　　$C.R. = 0.017 < 0.1$

表 6-29　$C_1 \sim C_5$ 权重计算

B_1	C_1	C_2	C_3	C_4	C_5	权重	最大特征值
C_1	1	2	1/2	1/2	1/2	0.14	
C_2	1/2	1	1/3	1/3	1/3	0.08	
C_3	2	3	1	1	1	0.26	5.01
C_4	2	3	1	1	1	0.26	
C_5	2	3	1	1	1	0.26	

$C.I. = 0.002\ 5$　　$R.I. = 1.12$　　$C.R. = 0.002\ 2 < 0.1$

表 6-30　$C_6 \sim C_8$ 权重计算

B_2	C_6	C_7	C_8	权重	最大特征值
C_6	1	1/2	1	0.25	
C_7	2	1	2	0.50	3.00
C_8	1	1/2	1	0.25	

$C.I. = 0.000\ 0$　　$R.I. = 0.52$　　$C.R. = 0.000\ 0 < 0.1$

表 6-31　$C_9 \sim C_{13}$ 权重计算

B_3	C_9	C_{10}	C_{11}	C_{12}	C_{13}	权重	最大特征值
C_9	1	1	2	1	2	0.24	
C_{10}	1	1	2	1/2	2	0.21	
C_{11}	1/2	1/2	1	1/3	1	0.11	5.06
C_{12}	1	2	3	1	2	0.32	
C_{13}	1/2	1/2	1	1/2	1	0.12	
C.I. = 0.015 3　　*R.I.* = 1.12　　*C.R.* = 0.013 7 < 0.1							

表 6-32　$C_{14} \sim C_{16}$ 权重计算

B_4	C_{14}	C_{15}	C_{16}	权重	最大特征值
C_{14}	1	1/2	2	0.25	
C_{15}	2	1	4	0.50	3.01
C_{16}	1/2	1/4	1	0.25	
C.I. = 0.004 6　　*R.I.* = 0.52　　*C.R.* = 0.008 8 < 0.1					

根据各矩阵的计算结果,可以合成 $C_i(i=1,\cdots,16)$ 对 A 的权重,并计算 C_i 的总体一致性,见表 6-33。

表 6-33　总体权重一致性检验

序号	权重 w_{Bi}	*C.I.* $_i$	$w_{Bi} * C.I._i$	*R.I.* $_i$	$w_{Bi} * R.I._i$
1	0.161 3	0.002 5	0.000 4	1.120 0	0.180 7
2	0.424 9	0.000 0	0.000 0	0.520 0	0.220 9
3	0.270 1	0.015 3	0.004 1	1.120 0	0.302 5
4	0.143 8	0.004 6	0.000 7	0.520 0	0.074 8
求和	—	—	0.005 2	—	0.778 9
C.R.			0.006 7<0.1		

从表 6-33 中可以看出,各权重的 *C.R.* 值都小于 0.1,符合一致性

要求,所求权重可以用于进一步的评价计算。

6.8.2　华北都市农业区

根据华北地区特点,分别对指标体系中各元素进行两两比较,赋值、计算权重及各判断矩阵的一致性检验结果见表6-34~表6-38。

表6-34　层次 B 权重计算

总评价	B_1	B_2	B_3	B_4	权重	最大特征值
B_1	1	1	1/2	1/3	0.14	
B_2	1	1	1	1/3	0.17	4.05
B_3	2	1	1	1/2	0.23	
B_4	3	3	2	1	0.46	

C. I. = 0.015 3　　*R. I.* = 0.89　　*C. R.* = 0.017 < 0.1

表6-35　$C_1 \sim C_5$ 权重计算

B_1	C_1	C_2	C_3	C_4	C_5	权重	最大特征值
C_1	1	2	1/2	1/2	1/2	0.14	
C_2	1/2	1	1/3	1/3	1/3	0.08	
C_3	2	3	1	1	1	0.26	5.01
C_4	2	3	1	1	1	0.26	
C_5	2	3	1	1	1	0.26	

C. I. = 0.002 5　　*R. I.* = 1.12　　*C. R.* = 0.002 2 < 0.1

表6-36　$C_6 \sim C_8$ 权重计算

B_2	C_6	C_7	C_8	权重	最大特征值
C_6	1	1/2	1	0.25	
C_7	2	1	2	0.50	3.00
C_8	1	1/2	1	0.25	

C. I. = 0.000 0　　*R. I.* = 0.52　　*C. R.* = 0.000 0 < 0.1

表 6-37　$C_9 \sim C_{13}$ 权重计算

B_3	C_9	C_{10}	C_{11}	C_{12}	C_{13}	权重	最大特征值
C_9	1	1	2	1	2	0.24	
C_{10}	1	1	2	1/2	2	0.21	
C_{11}	1/2	1/2	1	1/3	1	0.11	5.06
C_{12}	1	2	3	1	2	0.32	
C_{13}	1/2	1/2	1	1/2	1	0.12	

$C.I. = 0.015\,3$　　$R.I. = 1.12$　　$C.R. = 0.013\,7 < 0.1$

表 6-38　$C_{14} \sim C_{16}$ 权重计算

B_4	C_{14}	C_{15}	C_{16}	权重	最大特征值
C_{14}	1	1/2	2	0.25	
C_{15}	2	1	4	0.50	3.01
C_{16}	1/2	1/4	1	0.25	

$C.I. = 0.004\,6$　　$R.I. = 0.52$　　$C.R. = 0.008\,8 < 0.1$

根据各矩阵的计算结果，可以合成 $C_i(i=1,\cdots,16)$ 对 A 的权重，并计算 C_i 的总体一致性，见表 6-39。

表 6-39　总体权重一致性检验

序号	权重 w_{Bi}	$C.I._i$	$w_{Bi} * C.I._i$	$R.I._i$	$w_{Bi} * R.I._i$
1	0.161\,3	0.002\,5	0.000\,4	1.120\,0	0.180\,7
2	0.424\,9	0.000\,0	0.000\,0	0.520\,0	0.220\,9
3	0.270\,1	0.015\,3	0.004\,1	1.120\,0	0.302\,5
4	0.143\,8	0.004\,6	0.000\,7	0.520\,0	0.074\,8
求和	—	—	0.005\,2	—	0.778\,9
$C.R.$			0.006\,7 < 0.1		

从表 6-39 中可以看出，各权重的 $C.R.$ 值都小于 0.1，符合一致性

要求,所求权重可以用于进一步的评价计算。

6.8.3　西北常年灌溉区

根据西北地区特点,分别对指标体系中各元素进行两两比较,赋值、计算权重及各判断矩阵的一致性检验结果见表6-40~表6-44。

表 6-40　层次 B 权重计算

总评价	B_1	B_2	B_3	B_4	权重	最大特征值
B_1	1	1/2	1/2	1	0.16	
B_2	2	1	2	3	0.43	4.05
B_3	2	1/2	1	2	0.27	
B_4	1	1/3	1/2	1	0.14	
	C. I. = 0.015 3		*R. I.* = 0.89		*C. R.* = 0.017 < 0.1	

表 6-41　$C_1 \sim C_5$ 权重计算

B_1	C_1	C_2	C_3	C_4	C_5	权重	最大特征值
C_1	1	2	1/2	1/2	1/2	0.14	
C_2	1/2	1	1/3	1/3	1/3	0.08	
C_3	2	3	1	1	1	0.26	5.01
C_4	2	3	1	1	1	0.26	
C_5	2	3	1	1	1	0.26	
	C. I. = 0.002 5		*R. I.* = 1.12		*C. R.* = 0.002 2 < 0.1	

表 6-42　$C_6 \sim C_8$ 权重计算

B_2	C_6	C_7	C_8	权重	最大特征值
C_6	1	1/2	1	0.25	
C_7	2	1	2	0.50	3.00
C_8	1	1/2	1	0.25	
	C. I. =0.000 0	*R. I.* =0.52		*C. R.* = 0.000 0<0.1	

表 6-43 $C_9 \sim C_{13}$ 权重计算

B_3	C_9	C_{10}	C_{11}	C_{12}	C_{13}	权重	最大特征值
C_9	1	1	2	1	2	0.24	
C_{10}	1	1	2	1/2	2	0.21	
C_{11}	1/2	1/2	1	1/3	1	0.11	5.06
C_{12}	1	2	3	1	2	0.31	
C_{13}	1/2	1/2	1	1/2	1	0.12	

C. I. = 0.015 3　　R. I. = 1.12　　C. R. = 0.013 7 < 0.1

表 6-44 $C_{14} \sim C_{16}$ 权重计算

B_4	C_{14}	C_{15}	C_{16}	权重	最大特征值
C_{14}	1	1/2	2	0.25	
C_{15}	2	1	4	0.50	3.01
C_{16}	1/2	1/4	1	0.25	

C. I. = 0.004 6　　R. I. = 0.52　　C. R. = 0.008 8 < 0.1

根据各矩阵的计算结果,可以合成 $C_i (i = 1, \cdots, 16)$ 对 A 的权重,并计算 C_i 的总体一致性,见表 6-45。

表 6-45 总体权重一致性检验表

序号	权重 w_{Bi}	C. I. $_i$	$w_{Bi} * C. I._i$	R. I. $_i$	$w_{Bi} * R. I._i$
1	0.161 3	0.002 5	0.000 4	1.120 0	0.180 7
2	0.424 9	0.000 0	0.000 0	0.520 0	0.220 9
3	0.270 1	0.015 3	0.004 1	1.120 0	0.302 5
4	0.143 8	0.004 6	0.000 7	0.520 0	0.074 8
求和	—	—	0.005 2	—	0.778 9
C. R.			0.006 7 < 0.1		

从表 6-45 中可以看出,各权重的 C. R. 值都小于 0.1,符合一致性要求,所求权重可以用于进一步的评价计算。

6.9　节水灌溉技术适应性评价实例

选择北京市大兴区庞各庄镇西瓜种植区作为典型区,基于上述指标体系和计算方法等对节水灌溉技术适应性进行评价,分析比较不同节水灌溉技术所发挥的效益。

6.9.1　资料和获取方法

对庞各庄镇的南李渠、孙场村2个西瓜种植村(位置如图6-3所示)进行了现场调研(见图6-4),进行农户访谈和现场查看,调研具体内容依据上面建立的评价指标体系安排,并通过查阅资料,以取得基础数据,调研各点情况及调研内容详见表6-46。

图 6-3　节水灌溉技术适应性评价典型区

(a)　　　　　　　　　　　　　　(b)

图 6-4　现场调研情况

表 6-46 调研点基本情况

调研地点	灌溉方式	种植作物	管理方式	工程投资来源
南李渠	温室滴灌	大西瓜	农户管理	政府投资
孙场村	"管+畦"灌	大西瓜	农户管理	政府投资

6.9.2 评价结果与分析

选择区域各层次指标权重如表 6-47 所示。

表 6-47 各层次各指标权重值

目标层	准则层	指标层
节水灌溉技术地域适应性评价体系(1.0)	地域技术适应性(0.19)	灌溉工程供水能力(0.21)
		灌溉水有效利用系数(0.24)
		灌水均匀度(0.21)
		运行安全可靠性(0.16)
		运行管理难易程度(0.18)
	地域经济适应性(0.21)	单方水效益(0.30)
		年节支增收额(0.44)
		投资回报期(0.26)
	地域环境适应性(0.26)	水源适应性(0.19)
		田块适应性(0.17)
		气候适应性(0.14)
		作物适应性(0.24)
		对区域生态环境的影响(0.26)
	地域社会适应性(0.34)	地域政策适应性(0.40)
		地域生产服务体系适应性(0.28)
		群众欢迎程度(0.32)

对典型区调查结果表象进行了总结归纳,发现典型区节水灌溉发

展情况如下：

（1）节水灌溉建设的资金来源多以政府为主，农户为辅。典型区内各自然村均不同程度地开展了节水灌溉工程，考察的 2 个点均为政府投资，这表明政府行为在推动节水灌溉发展中有着举足轻重的作用，同时也间接表明农户在进行个人投资节水灌溉时会显得比较谨慎。如何逐步提高农户资本在节水灌溉资金中的比例，是进行节水灌溉建设的重要问题。

（2）选择的典型区北京大兴庞各庄镇为传统西瓜产区，农户种植西瓜为主，灌溉方式为滴管或低压管灌。调研中发现，以温室膜下滴灌种植 1～2 茬西瓜+1 茬蔬菜的种植模式已为广大农户所接受，调研时西瓜种植者均能准确地说出该种植方式和注意事项，并坦言滴灌模式的优点。这表明该模式在调研区已有一定的群众基础，该模式的推广阻力较小，以后调研区域节水灌溉发展的重点可放在西瓜膜下滴灌上。

（3）调研时发现，滴灌工程运行时有个突出的问题，是施用肥料后出现的堵塞问题，使用滴灌的调研点提出了该问题，而使用畦灌的也有群众反映因为滴管带堵塞而被迫改回低压管灌的。这表明：只有解决或缓解滴管带堵塞情况，才有可能使得滴灌进一步推广。解决方法有：①对可用于滴灌冲施肥的肥料品种的选择和推荐，尤其是西瓜大量需要的钾肥；②滴灌过滤装置的合理配置；③滴灌运行操作方法的普及，应让农户学会防止和应对堵塞的操作方法。

调研中发现，调查点的节水灌溉工程不同程度地出现了一些问题，主要总结如下：

（1）节水灌溉工程设计不合理。有的滴灌已报废，农户重新启用漫灌方式。

（2）滴灌运行管理尚待进一步规范。调研中，所有使用滴灌的农户，其大棚首部装置中均未发现压力表等量测装置，使得滴灌带并未按额定压力工作，这在滴灌均匀度量测中有所体现。

（3）节水灌溉工程效益尚未发挥，农户灌溉模式也是固守以前思维。例如滴灌时仍坚持按照传统漫灌灌溉制度灌水，灌水 3～4

次,这使得通过灌溉制度进一步节水有一定的发展空间。

利用调研所得的相关数据,对 2 个村节水灌溉的综合效益进行了评价,具体见表6-48、表6-49。其中,运行性能等定性指标是将调查内容公布给相关专家,专家按照内容分开打分后求均值,分为优(8~10分)、良(6~8分)、中(4~6分)、差(4分以下)四个级别,具体见表6-4。而灌水均匀度等定量指标,由于调研时取得的许多数据均为约值,在使用归一法进行计算比较的同时,也将结果公布给专家,综合专家评分确定对应值。

表 6-48　典型区调研打分表

评价指标	节水灌溉技术地域适应性评价体系														
	地域技术适应性				地域经济适应性			地域环境适应性					地域社会适应性		
	灌溉工程供水能力	灌溉水有效利用系数	灌水均匀度	运行安全可靠性	运行管理难易程度	单方水效益	年节支增收额	投资回报期	水源适应性	田块适应性	气候适应性	作物适应性	对区域生态环境的影响	地域政策适应性	地域生产服务体系适应性	群众欢迎程度
南李渠	9.8	8.5	8.9	7.2	7.8	8.5	7.4	8.7	9	9.4	9	9.5	8.3	9	9.1	8.7
孙场村	9.8	7.9	7.1	8.6	9	5	2.2	5.2	9.5	9	8	8	3.2	2.5	5.4	5.1

表 6-49　典型区综合评价值

典型区	技术适应性	经济适应性	环境适应性	社会适应性	综合评价
南李渠	8.523	8.068	9.006	8.932	8.692(优)
孙场村	8.441	3.82	7.207	4.144	5.689(中)

　　节水灌溉技术适应性受多种因素影响,评价方法各有优缺点,仅从某个方面、某项指标进行评价,往往具有很大的片面性和不准确性。本研究将层次分析法、专家评分法与特尔菲法结合使用,建立节水灌溉技术适应性评价指标体系,确定各评价因子权重,构建节水灌溉技术适应性评价模型。选择北京市大兴区庞各庄镇西瓜种植区作为典型区,基于本文建立的指标体系和计算方法等对节水灌溉技术适应性进行评价,分析比较不同节水灌溉技术所发挥的效益。

第7章　高效地面灌技术在引黄灌区中的应用

结合前期研究内容,对地面灌技术综合效益开展评价,通过前期试验及田间调查等获取相关指标参数,研究引黄地面灌水技术的地域适宜性。相关理论工作在新乡市中国农业科学院农田灌溉研究所进行,调查结合前期试验研究内容在尊村引黄灌区开展。

此研究以田间试验为依据,于尊村灌区开展多规格畦田灌水过程田间实测,以获得当地足够的畦田灌溉试验大数据,后期针对实测数据利用 WinSRFR 对其灌水过程进行模拟,对其灌水效果进行评价。在这些工作的基础上,通过理论、调研、试验等方法开展,提出引黄灌溉水流推进消退规律,引黄灌溉土壤水分分布特性和引黄灌溉田间泥沙沉积分布规律,对地面灌技术效益开展评价,研究管渠结合灌水技术不同地域的适宜性,构建引黄灌区高效地面灌水技术模式。

7.1　引黄地面灌技术模式研究方法

7.1.1　田间试验研究

畦灌,因其田间设施简单、不需能源、易于实施,为尊村灌区广泛采用,是最主要的灌水方式。但畦灌却存在水的利用率较低,灌水均匀度较差,用工较多等缺点。为了提高灌水质量,需要确定合理的畦田规格、平整土地、优化畦灌技术要素等。围绕灌水技术要素的优化问题,科研工作者做了大量研究。许多学者在田间试验的基础上进行了灌水技术要素的优化组合研究,得出了适合不同地域条件的最优灌水技术要素组合。

不同的畦田规格对灌水过程和灌水效率有着显著的影响。随着社会发展,为适应现代农业规模化发展的需要,对土地平整的要求越来越高,大规格畦田是发展的必然趋势。以往的研究主要从灌溉水利用效率的角度出发研究畦田规格,认为畦田规格对畦灌系统的性能具有重要的影响。李益农在对我国北方的水平畦田灌溉技术进行研究后认为短畦不利于田间栽培管理且占用耕地,但有利于提高灌溉系统性能。史学斌利用零惯量模型对畦灌条件下的最佳灌水要素进行模拟分析,得出了在不同土壤质地和田间坡度条件下所对应的最佳畦长。陈博、欧阳竹(2010)等对不同的畦面结构下地面灌溉效果进行分析,提出了在不同畦面结构下适宜于畦田的最佳畦长。白寅祯、魏占民等使用WinSRFR软件对河套灌区的水平畦田规格进行优化分析,确定了具有较高灌水质量并满足灌水要求的灌溉系统的优化范围,考虑土地权属现状与畦田规格,提出了河套灌区的典型田块设计方案。现有关于合理畦田规格的研究多针对试验区的实际条件,且多是畦田长度较小的情况。目前,尊村灌区多数地方采用畦灌,合理的畦田长度选择除要考虑田面平整精度、入流量、改水成数、田间坡度等多种因素的影响,还应考虑农机作业效率及规模化发展需要。规范《地面灌溉工程技术管理规程》(SL 558—2011)给出的适宜畦田长度在 40~150 m,并未考虑引黄水泥沙输送与沉积问题。本书主要研究对象为长度大于 150 m 的畦田,且为引黄畦灌,统筹考虑引黄水与泥沙问题。本书旨在田间试验的基础上,通过系统模拟分析对长畦田的灌水效果进行评价,为畦田规格规划提供依据。

在尊村引黄灌区,引黄畦灌有其独有的特点,例如,灌区的引黄水流量较大,水流在田间推进较快,灌溉水流中含有黄河泥沙,畦田规格较大等。基于以上特点,有必要对尊村引黄灌区的引黄畦灌灌水效果展开研究,结合当地特点,找到适合尊村引黄灌区畦田灌溉的优化灌水要素。通过广泛查阅有关文献,在总结国内外现有科研与生产成果的基础上,课题采用理论分析与调研测试分析相结合、与示范应用相结合的研究方法。即在分析现有引黄地面灌水模式的基础上,结合尊村引黄灌区节水灌溉发展特点、社会经济发展水平等情况,对区内现有灌溉工程进行评估,提出节水灌溉发展对策措施。即在理论研究的基础上,通过现场调研,对用户的典型灌溉方式进行综合评价,为农业节水建设和管理提出合理建议。

为了对引黄灌区地面灌溉技术参数进行优化,探讨适宜于当地的节水地面灌溉模式,在原有田间试验的基础上,又在当地选取了多种规格的畦田,对其灌水过程进行了实测,并对田间土壤参数进行了测定。后期对田间获取的实测数据进行了模拟与评价。田间数据获取效果如图7-1所示。

(a)

(b)

图7-1　多组畦田灌水过程实测现场

研究拟通过对尊村灌区多种畦田规格的灌水过程进行分析,找到最适于当地的地面灌溉技术模式。由田间实测数据进行后期模拟评价,得到多规格畦田下灌水效果对比表如表 7-1 所示。

表 7-1　多组畦田规格灌水效果评价对比

畦田规格 长×宽 (m×m)	灌水定额 (mm)	改水成数	灌水效率 (%)	灌水均匀度 (%)	深层渗漏率 (%)
300×1.8	95	0.820 6	98.9	85.91	0.8
300×2.7	95	0.907 2	96.1	86.03	3.6
300×4	100	0.76	93	86	6
190×3.1	94	0.84	83	65	17
190×3.7	83	0.90	85	0.64	15
261×4.2	105	0.85	93	0.84	6

7.1.2　模型模拟研究

　　WinSRFR 模型是一款集地面灌溉评价、设计和模拟为一体的综合性地面灌溉系统分析软件,可对三类灌溉设计与运行模型进行分析与功能运算:SRFR(一维地面灌溉)、BASIN(水平畦田灌溉)、BORDER(有坡的畦田灌溉)。WinSRFR 软件包括 4 大核心功能:灌溉分析与评价、灌溉模拟、田块几何设计、灌溉运行管理。WinSRFR 软件自 2006 年 9 月美国农业部干旱农业研究中心发布以来,已在业内得到广泛应用,本文即采用在 WinSRFR4.1 版本的基础上对尊村引黄灌区的灌溉效果进行分析并提出优化灌水的方法。

　　通过 WinSRFR 软件可以对畦灌的灌水结果进行模拟,其主要评价指标灌水效率 AE、灌水均匀度 DU_{min}、深层渗漏率 DP 可以看作是对水分分布的评价,反映了各次灌水的水分分布情况。将灌溉需水量设定为 100 mm,根据田间实测的畦长、坡度、水流推进、灌水时间及模拟所得的土壤入渗参数等对灌水过程进行模拟分析。各灌水指标的计算方法如下:

$$AE = \left(\frac{计划湿润层储存水量}{实际灌入水量}\right) \times 100\% \qquad (7\text{-}1)$$

$$DU_{min} = \left(\frac{沿畦长方向最小入渗水深}{单次灌水的平均深度}\right) \times 100\% \qquad (7\text{-}2)$$

$$DP = \left(\frac{深层渗漏损失量}{灌水总量}\right) \times 100\% \qquad (7\text{-}3)$$

为了研究水流在田间的推进情况及挟沙水流的灌溉效果,利用 WinSRFR 软件对畦田的各次灌水过程进行模拟分析,通过反复调试参数,使田面水流的实测推进曲线和模拟曲线的误差最小化,以获得各次灌水过程的灌溉参数,所采用的灌水模型为零惯量模型。通过测算各次灌水的单宽流量,并将各项田间实测数据及通过模型模拟所得的土壤入渗参数及田间糙率系数代入模型中,可得各次灌水过程中实测田间水流推进过程与模拟水流推进过程对比图,如图 7-2 所示。从图 7-2 中可以看出,通过 WinSRFR 软件模拟的水流推进过程曲线与实测的水流推进过程曲线基本重合,表明模拟结果可以很好地反应畦灌灌水过程。

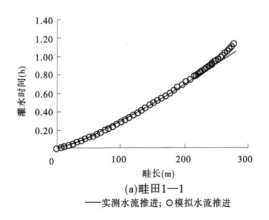

(a)畦田1—1

——实测水流推进; ○模拟水流推进

图 7-2 灌溉水流在田间的实测推进与模拟推进对比

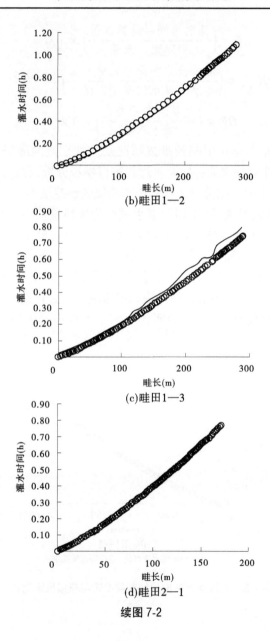

(b)畦田1—2

(c)畦田1—3

(d)畦田2—1

续图 7-2

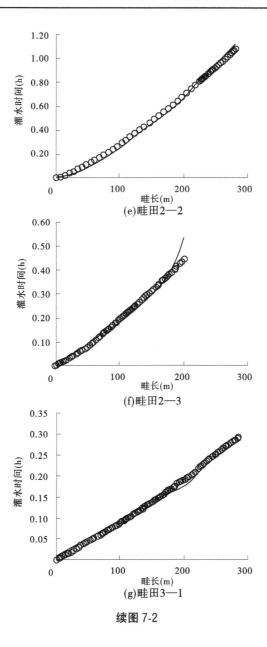

(e)畦田2—2

(f)畦田2—3

(g)畦田3—1

续图 7-2

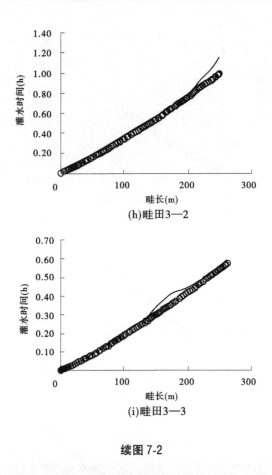

(h)畦田3—2

(i)畦田3—3

续图 7-2

7.2　尊村灌区高效引黄地面灌技术模式

7.2.1　引黄畦灌灌水效果评价与分析

表 7-2 为各畦田的灌水效果,各畦田的灌溉管理条件根据表 3-4 输入,灌溉需水量设定为 100 mm,田面糙率为 0.04,土壤入渗参数由 WinSRFR 的 Event Analysis(灌溉分析与评价)模块返演,畦田尾部闭合。结合表 7-2、表 3-4 可以看出,各次灌水的灌水定额差别较大,存在

灌水过多和灌水不足的问题,表明灌溉管理措施还需进一步改进;畦田
2—1、2—2、2—3、3—2 的灌水效率均在 90% 以下,分析认为这是由于
畦田 2—1、2—2、2—3、3—2 的改水成数较大,由于引黄水流量较大,如
果不能及时改水,很容易造成灌水过多,深层渗漏较多,导致灌水效率
低下;畦田 3—1、3—2、3—3 的畦田坡度较大,加之黄河水的流量较大,
因此水流在田间推进较快,很快到达畦尾,而导致灌水不足,因此畦田
3—1、3—2 的灌水定额未能达到灌水要求。通过对各畦田的灌水效果
进行对比分析,可以看出,除畦田 2—1、3—3 外,各畦田的灌水均匀度
均未能达到85%以上,畦田 2—1、2—2、2—3、3—2 的灌水效率未能达
到90%,表明部分畦田未能满足节水灌溉的要求。综合考虑各灌水要
素,有必要对灌区内的畦田规格进行优化设计,并提出合理的优化方
案,以更合理地利用引黄灌区的土地资源和黄河水资源。

表 7-2　灌水效果

畦田编号	灌水定额 $m(\text{mm})$	灌水效率 $AE(\%)$	灌水均匀度 $DU_{\min}(\%)$	深层渗漏率 $DP(\%)$
1—1	89	99	0.81	1
1—2	93	98	0.77	2
1—3	102	96	0.84	4
2—1	148	68	0.89	32
2—2	122	82	0.84	18
2—3	127	79	0.83	21
3—1	94	90	0.84	10
3—2	85	89	0.81	11
3—3	106	93	0.85	7

7.2.2　尊村引黄灌区畦田规格的优化设计

采用 WinSRFR 软件的 Physical Design(田块几何设计)模块可在
田间坡度、入渗参数、田面糙率、灌水流量等参数已定的情况下,利用灌
水效率等值线图对最佳畦田长度和宽度进行分析,确定畦田规格的优
化设计范围和优化灌水时间。图 7-3 为以畦田 1—1 的灌水要素为模

拟参数,输入 WinSRFR 模型后得到的灌水等值线图,图 7-3(a)中颜色标识为"80~90"和"90+"的部分均满足灌水效率大于 80% 的要求,图 7-3(b)中颜色标识为"90+"的满足灌水均匀度大于 90% 的要求。图 7-3(c)为深层渗漏率等值线图,颜色标识为 0~10 的区域为灌水深层渗漏率较小的区域。

从图 7-3 中可以看出,当畦田宽度确定后,灌水效率会随着畦田长度的增大而减小,灌水均匀度也随着畦田长度的增大而减小,灌水的深层渗漏率则随着畦田长度的增大而增大,并且畦田宽度对畦田的灌水效率、灌水均匀度、灌水深层渗漏率的影响更大。因此,可根据畦田规格的这一限制规律和畦田模拟所得的灌水效率图、灌水均匀度图、灌水深层渗漏图等来确定对应的优化畦田长度和宽度区间,再结合 WinSR-FR 软件所提供的其他参数等值线图以及田间需要来选择最佳畦田长度和宽度。在 WinSRFR 软件中,可以在图中选择特定的点查看在该点处的最优灌水方案。

在田间只有一个出水口的情况下,根据灌水效率等值线图,以灌水效率大于 90%,灌水均匀度大于 85% 为筛选条件,从图 7-3 中模拟得到的畦田优化规格如下:畦田宽度 1~2 m 时,畦田长度 295~425 m;畦田宽度 2~3 m 时,畦田长度 250~345 m;畦田宽度 3~4 m 时,畦田长度 154~250 m;畦田宽度 4~5 m 时,畦田长度 122~154 m;畦田宽度 5~6 m 时,畦田长度 108~122 m;畦田宽度 6~8 m 时,畦田长度 80~108 m;畦田宽度 8~10 m 时,畦田长度 65~120 m。从灌水效率等值线图还可看出,当畦长为 0~27 m 范围时,畦田宽度取 0~10 m 内的任意值均可满足灌水效率在 90% 以上,但这种小型畦田并不适合灌区的规模化发展。由于引黄灌区的设计流量(200 m³/h)较大,当畦田宽度较小时很容易出现灌溉水流溢出畦垄现象,且窄畦田不利于大型机械通过,影响机械化作业,因此在进行畦田规划时,畦田宽度最好不要小于 2 m。但是当畦田宽度过大时,在单出水口情况下,容易出现畦田横向的灌水不均,同时考虑到果树之间的经济行距,因此畦田宽度也不宜过大,在进行软件模拟时可将畦田宽度限定在 2~6 m 的范围内。

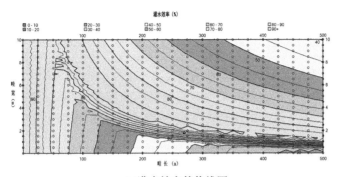

(a)灌水效率等值线图

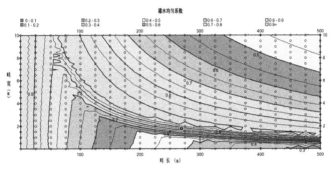

(b)灌水均匀度等值线图

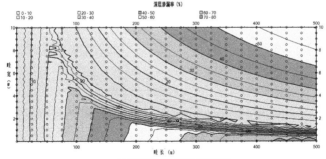

(c)深层渗漏率等值线图

注:本图选择的等值线栅格大小为 20 m×20 m,模拟畦田长度范围为 0~500 m,
模拟畦田宽度范围为 0~10 m。

图 7-3　WinSRFR 软件模拟参数等值线图

根据已有的灌水资料,利用 WinSRFR 软件的设计模块,按照上述选取畦田规格的方法,在不同的灌水流量下对引黄畦灌的畦田规格进行模拟可得如表 7-3 所示的畦田设计规格表。表 7-3 中的畦田规格均满足灌水效率大于 90%,灌水均匀度大于 85%。由表 7-3 可知,在不同的设计流量下,灌区内的果树畦田规格不同,同时,畦田长度和畦田宽度存在一定的制约关系,一般而言,畦田宽度越大,则畦田长度越小。

表 7-3 畦田设计规格

单宽流量 [L/(s·m)]	畦田坡度	畦田宽度(m)	畦田长度(m)
8.3		2	220~270
5.6		3	190~250
4.2		4	150~200
3.3		5	120~170
2.8		6	100~140
12.5		2	360~390
8.3		3	300~350
6.3		4	200~280
5		5	180~240
4.2	1/1 000	6	150~210
16.7		2	250~300
11.1		3	145~250
8.3		4	100~200
6.7		5	90~150
5.6		6	80~140
27.8		2	280~340
18.5		3	240~270
13.9		4	170~240
11.1		5	130~170
9.3		6	110~140

表 7-3 可为灌区节水改造时畦田的设计规格提供一定的参考,结合灌区的田间实际情况,在进行田间畦田规格设计时,可对果树地的畦

田规格进行优化。

畦灌作为尊村灌区最为普遍的地面灌溉方式,在灌水技术方案设计时一般根据水流推进过程推求平均入渗参数,从而作为设计参数,而不考虑其变化幅度等特征,这样往往使得在实际灌水过程中出现灌水质量差异显著的问题。因此,针对各种条畦下不同类型土壤的渗透性能研究其对灌水质量的影响规律,可为设计具有稳健性的灌水技术方案提供理论基础,对提高灌水质量具有重要的意义。

采用 WinSRFR 软件的 Simulation(灌溉模拟)模块可对沟灌、水平畦田灌、畦灌的灌水过程进行模拟,可以选择需要模拟的田块的灌溉方式,田块首部和尾部的条件等。现采用 WinSRFR 软件,控制其他因素不变(纵坡 1/1 000,糙率 0.04,灌水时间 1 h),根据控制的灌水效率 AE(90%以上)和灌水均匀度 DU(85%以上),改变入渗系数 K 和入渗指数 α,以确定最佳畦田长度和宽度。模拟结果见表 7-4。

控制坡度、糙率等参数,以灌水效率指标大于 90%,灌水均匀度大于 85%为目标。由表 7-4 中模拟结果可以看出,畦田适宜长度会随着入渗系数的增大而减小,也会随着入渗指数的增大而减小,并且入渗系数对畦田适宜长度的影响更大。因此,可根据渗透性能对畦田灌水效果的影响规律,以灌水效果为控制目标,根据模拟所得的畦田规格等来确定对应的优化畦田长度和宽度区间,再结合 WinSRFR 软件所提供的其他参数等值线图以及田间需要来选择最佳畦田长度和宽度。

7.2.3　引黄高效地面灌技术模式示范应用

前期调研和模拟分析得到了优化后的畦田规格及灌水参数,相应模式在灌区内的黄仪南村进行了推广示范。示范农田在采用高效地面灌溉技术模式后,灌溉水利用系数和作物水分利用效率有所改观。

7.2.3.1　灌溉水利用系数

灌溉水利用系数是衡量灌区、区域节水工程技术措施、节水技术和节水管理水平等节水效果的一项综合指标,也是进行相关评价的重要参数。研究分析灌溉水利用系数,对了解灌区灌溉水利用水平的现状和存在问题,提高灌溉水利用系数,促进水资源的持续利用,有着积极的意义。

表7-4　不同土壤渗透性能下畦田规格优化

坡度	糙率系数 n	单宽流量 [L/(s·m)]	灌水历时 (h)	灌水效率 AE(%)	灌水均匀度 DU(%)	入渗系数 k(mm/h)	入渗指数 a	畦长 (m)	畦宽 (m)
1/1 000	0.04	8.3	1.06	90%以上	85%以上	100	0.4	268~200	2
		5.6						195~140	3
		4.2						154~110	4
		3.3						130~90	5
		8.3				110		200~145	2
		5.6						153~106	3
		4.2						125~78	4
		3.3						102~60	5
		8.3				120		165~115	2
		5.6						125~83	3
		4.2						98~61	4
		3.3						87~48	5
		8.3				100	0.5	248~203	2
		5.6						180~145	3
		4.2						140~110	4
		3.3						120~90	5
		8.3				110		196~160	2
		5.6						150~120	3
		4.2						120~90	4
		3.3						100~65	5
		8.3				120		165~135	2
		5.6						120~90	3
		4.2						100~60	4
		3.3						80~55	5

灌溉水利用系数的概念在 20 世纪 60 年代提出,Israelsen 将灌溉效率定义为灌溉农田或灌溉工程控制范围的农作物消耗的灌溉水量与从河流或其他自然水源引入渠道或渠系的水量的比值。目前一般认为,灌溉水利用系数是指从水源地通过采用必要的一些工程设施、技术措施,通过输配水设施,引水到田间能够被作物生长中吸收利用或者为了有利于作物生长必须用水的利用程度,可以用实际灌入农田的有效水量和渠首引入水量的比值来表示。

灌溉水利用系数可分解为渠系水利用系数和田间水利用系数两部分。渠系水利用系数是指从渠首到末级渠道的各级输、配水渠道的输水损失,表示了整个渠系的水利用率,等于各级渠道水利用系数的乘积。

田间水利用系数指的是实际灌入农田,并可供作物吸收利用的水量和末级固定渠道(农渠)放水量的比值。对旱作农田来说,有效水量一般指的是一次灌水两三天后能够蓄存在田间计划湿润层中的灌溉水量,计算公式如下:

$$\eta_f = A_农 \, m_n / W_{农净} \tag{7-4}$$

式中:$A_农$ 为农渠的灌溉面积,hm^2;m_n 为净灌水定额,m^3/hm^2;$W_{农净}$ 为农渠供给田间的水量,m^3。

田间水利用系数是衡量田间工程状况和灌水技术水平的重要指标。如灌区田间配水工程较为完备、灌水人员素质优秀、灌水设施及灌水技术应用良好的条件下,大部分旱作农田的田间平均水利用系数可以到 0.9 以上。田间水利用系数的确定有以下途径:根据实测净灌水定额计算,在代表性田块中,通过实测灌水前后 2 d 左右含水率的变化,从而确定净灌水定额,即可算出某次灌水田间水利用系数:

$$\eta_f = 100(\beta_2 - \beta_1)\gamma H A_j / W_t \tag{7-5}$$

式中:β_1、β_2 分别为灌水前后作物计划湿润层的土壤含水率(以干土重的百分数表示);γ 为土的干容重,g/cm^3;H 为作物计划湿润层深度,m;A_j 为末级固定渠道控制的灌溉面积;W_t 为末级固定渠道放出进入田间的水量。

本书中的高效地面灌溉技术模式仅涉及田间水利用系数,选取田块 2—1、2—2、2—3 为示范畦田,通过式(7-5)测算,模式应用后农田的田间水利用系数由 0.79 提高到 0.88,假定渠系和管道输水利用系数不变,则灌溉水利用系数提高约 11.4%,计算过程见表 7-5。

表 7-5　模式应用前后灌溉水利用系数对比

畦田规格 长×宽 (m×m)	控制 面积 A (hm²)	土壤 容重 γ (t/m³)	计划湿 润层 H (m)	模式应用前				模式应用后			
				灌水量 W (m³)	β_2 (%)	β_1 (%)	田间水 利用 系数	灌水量 W (m³)	β_2 (%)	β_1 (%)	田间水 利用 系数
170×1.6	0.027 2	1.46		40.26	25.37	19.16	0.74	31.55	25.44	19.63	0.88
260×2	0.052	1.48	1.2	63.44	25.98	20.04	0.87	53.04	24.92	20.10	0.84
200×3	0.06	1.51		76.20	24.02	18.69	0.76	62.40	24.84	19.53	0.92
平均							0.79				0.88

7.2.3.2　作物水分利用效率

水分利用效率(Water Use Efficiency,WUE),也称水分生产率,是指消耗单位水量所生产的经济产品数量,表示水分能被作物吸收利用程度的一个指标。在经济学上,任何生产过程的效率定义为单位产出量与投入量的比值。在田间水文循环中,水分利用效率是指作物在生长发育的过程中,对作物生长发育有效的蒸腾量与投入水量或作物消耗水量的比值。有效降水量、灌溉水到达作物根系的水量和土壤中储存的可用水量皆可被作物利用(可理解为投入量),在田间水分的消耗中,只有蒸腾对作物的生长有效(可理解为产出量),而棵间蒸发和深层渗漏等都为水分的无效消耗途径。

实际使用及文献中灌溉用水效率表示形式多样,但总体可采用Howell 定义的水分利用效率为单位水资源投入所能生产的农作物产量,计算方法为

$$WUE = Y/W \tag{7-6}$$

式中:WUE 为水分利用效率,kg/m³;Y 为单位面积粮食产量,kg/hm²;W 为水资源投入量,m³/hm²。

鉴于该参数获取的系统性与季节性,且与作物种类有关,故本书仅

涉及部分农户粮田的小麦水分利用效率。作物产量的获取：在调查的每块田地中间抽取 1 m² 小麦,测量麦穗长、麦粒数、千粒重、1 m² 产量,并计算亩产。

模式应用前后作物水分利用效率对比如表 7-6 所示,通过式(7-6)计算得,现状小麦水分利用效率为 1.58 kg/m³,模式应用后,小麦水分利用效率增加至 1.82 kg/m³,提高约 15.2%。

表 7-6　模式应用前后作物水分利用效率对比

畦田规格 长×宽 （m×m）	模式应用前			模式应用后		
	产量 Y （kg/hm²）	灌溉水量 W （m³/hm²）	水分利用 效率 WUE （kg/m³）	产量 Y （kg/hm²）	灌溉水量 W （m³/hm²）	水分利用 效率 WUE （kg/m³）
170×1.6	8 700	5 920	1.47	8 025	4 640	1.73
260×2	8 250	4 880	1.69	7 725	4 080	1.89
200×3	8 100	5 080	1.59	7 650	4 160	1.84
平均			1.58			1.82

7.3　引黄灌区高效地面灌溉技术管理规程

7.3.1　引黄地面灌溉系统组成

地面灌溉系统的布置应依据下列基本资料：

(1)水源条件:包括灌溉系统的供水方式、末级固定渠道的最大过流能力及实际过流范围、水源供水保证率等。

(2)田面条件:包括土壤质地、土壤入渗能力、田间持水量、田面平整度、田面坡度和田面糙率系数等。

(3)耕作管理:包括作物种植方式、作物类型及灌溉制度等。

7.3.1.1　渠灌区地面灌溉系统

渠灌区地面灌溉系统由最末一级固定渠道(管道)、固定或临时的配水渠道或配水管道、配水口、灌水沟畦及相应的控制和量配水设施等组成,可按图7-4的方式进行布置。

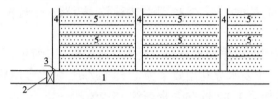

1—末级固定渠道;2—节制闸;3—配水口;4—配水渠道或管道;5—灌水沟畦
图7-4　渠灌区地面灌溉系统示意图

7.3.1.2 井灌区地面灌溉系统

井灌区地面灌溉系统由井口以下输水管(渠)道、配水管(渠)道、给水栓(配水口)、灌水沟畦及相应的量配水设施等组成,可按图7-5的方式进行布置。

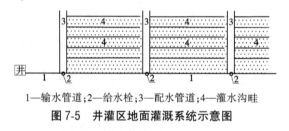

1—输水管道;2—给水栓;3—配水管道;4—灌水沟畦
图7-5　井灌区地面灌溉系统示意图

7.3.2 引黄地面灌溉工程管理

地面灌溉工程包括田间配水工程、田间量水设备与设施和田面工程。田间配水工程一般分为渠道配水工程和管道配水工程两种类型。田间量水设备与设施一般分为量水堰槽和量水仪表两类。

7.3.2.1 田间配水工程管理

灌水前应仔细检查固定输配水沟渠有无塌方、裂缝,保证灌水按时进行。灌水前应按不同灌水技术要求整理田间临时配水沟渠。灌水前应检查配水闸门工作是否正常,启闭闸门时应对称、缓慢开启,避免水流冲刷渠道。灌水过程中注意巡视田间配水工程的运行状况,发现问题及时处理。一次灌水结束后对已损坏的田间配水工程及时进行修复。定期检查节制闸、分水闸、斗门等控制和配水设施工作是否正常,若发现问题应及时处理。

7.3.2.2　管道系统田间配水工程管理

灌水前应检查水源工程的设施是否齐全、完好。灌水前应对固定管道进行试水,检查管道有无损坏、配水控制装置是否灵活。田间移动配水设备应按其说明书要求进行布置,合理使用,避免损坏。灌水前应检查给水栓操作是否灵活,与配水管连接是否牢固。运行开始时各类阀门的起闭应均匀缓慢。灌水过程中如地埋管道漏水,应停机进行处理。一次灌水结束后,应将可拆卸的田间配水设备收回,保养后妥善保管。应定期检查水泵、阀门、给水栓、安全阀、排水阀等设施设备的工作状况,及时排除安全隐患。在冬季应排空管道余水,防止管道冻涨;水泵、阀门、给水栓、安全阀、排水阀等应进行必要的维护和保养。

7.3.2.3　田间量水设备与设施管理

田间量水设备与设施管理应根据量水工作制度要求,科学合理地使用量水设备与设施;观测资料及各种报表应妥善保存。灌水前应检查水尺读数是否清晰;量水堰槽应保持清洁,避免堰顶、喉道和槽底遭到损坏。灌水前应检查量水仪表工作是否正常,精度是否符合要求。灌水进行中应巡视量水设备与设施的工作状况,发现问题及时处理。灌水结束后应对灌水量水设备与设施进行必要的维护和保养。应定期检查量水仪表的灵敏度,使用时间过长或有损坏时,应进行技术检定校准。停灌期间,应将量水设备和设施内的积水、淤泥、杂物等清除干净。

7.3.3　引黄地面灌溉技术管理

地面灌溉技术可包括常规畦灌、常规沟灌、水平畦田灌、波涌畦灌、波涌沟灌、覆膜畦灌、覆膜沟灌等形式。地面灌溉技术的选择应根据灌区的地形、作物、土壤、气象、水文、供水条件和生产管理体制,经技术经济方案比较确定。常规畦灌适用于旱作物。畦田尾端宜封闭,畦田坡度宜为1‰~5‰。常规沟灌适用于宽行距旱作物。灌水沟尾端宜封闭,沟底坡度宜为1‰~8‰。水平畦田灌宜建立在精细土地平整基础上,田面应基本水平,田块四周应封闭,可为任意形状。波涌灌宜在沟畦长度较大,结构良好的壤质土上采用。田面纵向坡度宜为1‰~6‰,

不宜存在局部倒坡或洼地。覆膜灌适用于透水性中等以上土壤的旱作物,田块尾端宜封闭。

7.3.3.1 畦灌

畦灌畦田规格应符合下列要求:

(1)畦宽应按当地农机具作业宽度的整数倍确定,不宜超过 4 m。土壤入渗能力强、田面坡度小、土地平整差时,畦田宽度宜小些;反之宜大些。

(2)畦长应根据田面坡度、土壤入渗能力、入畦流量、土地平整程度及农机作业效率等因素综合确定。

(3)畦长选取宜符合表 7-7 的规定。土壤入渗能力强、田面坡度小、土地平整差,畦田长度宜短些;反之,畦田长度宜长些。

(4)入畦流量较小、畦长较大时可采用分段灌溉。

表 7-7 不同条件下的畦长和单宽流量

土壤透水性	田面坡度								
	2/1 000			2/1 000~5/1 000			5/1 000~10/1 000		
	畦长(m)	单宽流量[L/(s·m)]	改水成数	畦长(m)	单宽流量[L/(s·m)]	改水成数	畦长(m)	单宽流量[L/(s·m)]	改水成数
强	100~150	7~10	0.95	150~180	5~8	0.93	200~250	5~6	0.9
中	150~180	7~8	0.9	180~220	5~7	0.88	250~280	4~6	0.85
弱	180~200	6~7	0.85	220~240	4~6	0.82	280~300	3~5	0.8

7.3.3.2 沟灌

常规沟灌灌水沟规格应符合下列要求:

(1)灌水沟的断面形状可为 V 形、梯形、抛物线形和 U 形等。

(2)灌水沟深度与上口宽度应依据土壤类型、田面坡度和作物类型等确定。深度宜为 10~25 cm,上口宽度宜为 30~50 cm。

(3)灌水沟的间距(沟距)应与灌水沟的湿润范围相适应,并满足农作物的耕作和栽培要求。轻质土壤的间距宜为 50~60 cm,中质土壤宜为 60~70 cm,重质土壤宜为 70~80 cm。

(4)沟长应根据田面坡度、土壤入渗能力、入沟流量、土地平整程度及农机作业效率等因素,参考相近情况的试验资料综合确定。

(5)沟长可参考表7-8选取。土壤入渗能力强、沟底坡度小、土地平整差、入沟流量小时,灌水沟宜短些;反之,灌水沟宜长些。

入沟流量的确定应符合下列要求:

(1)入沟流量应根据土壤质地、沟底坡度、沟长等要素确定,宜符合表7-8的规定。

(2)对于易侵蚀的淤泥土,灌水沟允许的最大流速应为0.13 m/s;对于砂土、黏土,灌水沟允许的最大流速应为0.22 m/s。

(3)在灌水过程中,灌水沟的水流深度宜在沟深的1/3~2/3范围内。

表7-8　不同条件下的沟长和流量

土壤透水性	沟底坡度								
	2/1 000			2/1 000~5/1 000			5/1 000~10/1 000		
	沟长(m)	入沟流量(L/s)	改水成数	沟长(m)	入沟流量(L/s)	改水成数	沟长(m)	入沟流量(L/s)	改水成数
强	150~180	4~6	0.9	200~250	3~5	0.88	250~280	2~4	0.85
中	180~200	3~4	0.85	250~280	2~3	0.85	280~300	2~3	0.8
弱	200~220	2~3	0.8	280~300	2~3	0.8	300~350	1~2	0.8

改水成数应在满足灌水质量要求的基础上,根据土壤质地、入畦(沟)流量和田面地形条件及群众灌水经验确定。灌水畦(沟)越长、流量越大、坡度越大、土壤入渗能力越小,则改水成数越小;反之改水成数应适当增大。改水成数不宜低于70%,应避免出现灌水畦(沟)尾部漏灌或跑水的现象。

7.3.4　地面灌溉用水管理

地面灌溉用水管理应以节水、节地、节约劳力、增加产出为目标。根据灌溉制度综合考量制订用水计划。

7.3.4.1　灌溉制度

各生育期适宜的地面灌溉灌水定额和灌水周期应根据当地作物、土壤质地、土壤墒情、气象、农艺措施以及群众灌水经验综合确定。作物灌水定额除依据当地灌溉试验资料外,还应根据沟畦规格、田面地形、土壤入渗能力、流量等条件下地面灌溉最小灌水定额约束选取,严格意义上需根据气象条件按照作物需水规律进行制定,可按下述公式进行计算。

灌水定额:　　　　　$m = 10.2\gamma h(\beta_1 - \beta_2)/\eta$　　　　(7-7)

灌水周期:　　　　　$T = (m/W) \times \eta$　　　　　　(7-8)

式中:m 为设计灌水定额,mm;γ 为土壤干容重,N/cm³;h 为计划湿润层深度,cm;β_1 为适宜土壤含水率上限,取 $0.95\beta_田$;β_2 为适宜土壤含水率下限,取 $0.65\beta_田$;η 为灌溉水利用系数,低压管道灌溉要求不低于 0.8;T 为设计灌水周期,d;W 为作物日需水量,mm/d。

7.3.4.2　用水计划编制

年度、季度用水计划应根据当年种植作物灌溉制度、水源状况、中长期天气预报等条件,并参考历年灌水经验加以编制。用水计划编制的内容应包括:灌水面积、灌水定额、灌水时间、轮灌/续灌时间、轮灌组划分、轮灌顺序、各轮灌组用水量。

7.3.4.3　用水计划实施

根据土壤墒情并参考用水计划进行灌溉。有条件的地方宜采用土壤墒情预报结果进行实时适量灌溉。应规范灌溉用水秩序,避免昼灌夜排或昼灌夜停现象;加强田间灌溉过程管理,按计划供水,避免超灌或欠灌现象。在供水量变化较大时,应及时调整用水计划。宜逐步建立以农民用水户协会为载体的田间用水管理体制,确保用水计划的正确实施。每个灌溉季节结束后,应对灌溉用水计划执行情况进行总结,相关灌水时间、灌水量等资料应及时归档。

7.3.5　引黄灌区管道输配水防淤管理

浑水输水管网应满足管道水流速大于临界不淤流速的要求以防止管道中产生淤积现象。实践证明,引黄灌区以满足输沙条件设计的管道系统和冲淤措施,达到了防淤要求,可以保证管道不会淤塞。控制管道流速主要取决于管径选择和设计流量两个因素。这两个因素在管网规划设计中主要体现在管网的管径上。

7.3.5.1　选取合理管径及设计合理管网流速

清水低压管道系统设计时,管道流速一般按经济流速设计,浑水输水时,为防止灌溉运行过程中管道产生淤积,各级管道的流速应大于其临界不淤流速。从不淤流速的经验公式看到,临界不淤流速与水源含沙量及泥沙颗粒级配、管径、流量等有关。因此,不淤流速计算的关键在于计算参数的选择。

管网设计流量是灌溉系统设计的重要参数,在相同管径条件下,流量越大管道流速越大,因此在泥沙、管径一定的情况下,不淤流速的控制取决于管网设计流量。不同的灌溉季节作物灌水时间、需水量等不同,其管网流量也不尽相同。清水灌溉条件下,一般以管网最大流量作为设计流量,通过经济流速确定管径。而在浑水条件下,管道流速越大对控制不淤越有利,当管径一定时流量越小流速越小,此时最小流量是控制管道不淤流速的关键。因此,对浑水输水管道,不淤流速的控制应以管网最大流量设计、最小流量校核。

7.3.5.2　配置附属设施以加强防淤积效果

在管道进水口设置拦污栅及拦污网等,防止水中的作物秸秆、柴草等漂浮物进入管道;在管道进水口设置拦沙坎,防止推移质及颗粒较大的泥沙进入管道;在主管道的末端及最低处设置排水阀,用于冲沙排沙或灌溉结束后放空管道。

7.3.5.3　日常运行维护

每年灌溉季节开始前,需检查水泵、闸阀、过滤器是否正常。对地埋管道进行检查,试水,保证管路畅通;浇地时先开放水口,后开机泵,改换放水口时先开后关;浇地结束时先停机泵,后关放水口;放水口处容易冲刷成坑,可建固定的水池,临时用草袋、麻袋等缓冲水流也可;阀门启闭要缓慢进行,开要开足,关要关严,需要同时开启多处阀门时,先开口径较小、压力较低的阀门,后开口径大、压力高的阀门;关闭阀门时,先关高压端的大阀门,后关低压阀门;机泵停用期间,关闭所有放水口,以防杂物堵塞管道;使用中要经常检查管道沿线,发现地面淹湿渗水,要及时挖开处理;灌溉结束后要将输配水管网冲洗干净,排空积水,并关闭阀门或堵头,及时对田间软管进行回收,妥善保管,对阀门井、排水井和给水栓进行安全保护,防止损坏。

7.4　本章小结

　　本研究在多种畦田规格田间灌溉试验的基础上,利用 WinSRFR 软件对尊村引黄灌区的畦灌灌水效果进行评价分析、模拟,得出如下结论:

　　(1)WinSRFR 模型能对畦长较大田块的田间灌水过程进行很好的模拟,可用该模型对田间的灌水效果进行合理的评价与分析。

　　(2)尊村引黄灌区的入畦流量较大,灌水较快,灌区内的超长畦田灌水效率较高,但大部分畦田的灌水均匀度未能达到85%,不能满足畦灌节水灌溉的要求。有必要对尊村引黄灌区的畦田规格进行优化。

　　(3)通过 WinSRFR 软件模拟,得出了满足节水灌溉要求的尊村引黄灌区果树畦田规格优化表。在满足节水灌溉要求的前提下,结合引黄灌区的实际情况,提出尊村引黄灌区畦田规格优化设计方案,即畦田宽度 2 m,长度 280~340 m;当畦田宽度为 3 m 时,畦田长度 240~270 m;当畦田宽度为 4 m 时,畦田长度范围为 170~240 m;当畦田宽度为 5 m,长度为 130~170 m;当畦田宽度为 6 m 时,畦田长度为 110~140 m。

第 8 章　地下水安全监测技术在
三江平原上游水稻灌区中的应用

　　浅层地下水是可利用水资源的重要组成部分,是陆地水循环系统中的重要环节,对于维持河流、湖泊、湿地水量平衡及农业种植和植物生长需水的稳定供给具有重要意义。浅层地下水是降水、地表水、土壤水、地下水之间转化消长过程的集中反映,其埋深是评价地下水环境要素的重要指标。揭示浅层地下水埋深的时空变异规律及分布状况是地下水资源可持续利用和生态环境保护的前提。近年来,大多学者采用地统计学方法对浅层地下水埋深时空变异特征及其影响因素进行研究,空间尺度上地下水埋深呈中等空间自相关性,时间序列上浅层地下水埋深在年际和年内差异显著,这种时空差异是对地貌特征、降雨和地下水利用程度的响应。浅层地下水接受降水和地表水体的直接补给,其水位埋深变化除受降雨、蒸发、地形、植被、包气带土壤特性等自然因素的影响和制约,还受人为因素的影响,特别是随着农田集约化程度的提高和土地利用的增强,浅层地下水埋深变化与种植结构、耕作模式、灌溉制度密切相关,而且浅层地下水埋深变化也间接影响到浅层地下水污染物和土壤剖面中盐分的变化。所以研究宝山农场浅层地下水,对宝山农场水资源可持续利用有重要意义。

　　宝山农场始建于 1970 年,1977 年改为农垦,隶属于黑龙江农垦总局红兴隆分局,位于黑龙江省三江平原西区中部,集贤县境内,地理坐标为东经 130°47′~130°57′、北纬 46°55′~47°01′,属松花江流域,总面积 100 km²,耕地面积 10 万亩,土壤为草炭黑钙土,是农垦区重要商品粮基地之一。农场处于半湿润气候区,属季风性温带大陆气候,地势南高北低,坡降为 1/5 000,平均海拔 72 m,地势平坦,地下水资源丰富,适宜于水稻和各种农作物生长。

　　宝山农场地理位置优越,西距佳木斯市 63 km,东距双鸭山市

46 km,处于桦川县和集贤县交界处,交通便利,通信发达,便于发展围城围路经济。宝山农场位置见图 8-1。农场所产绿色水稻受到了省内外客商的普遍赞誉,番茄、黏玉米、向日葵、西瓜、香瓜等特色经济作物受到附近市县消费者的广泛欢迎。

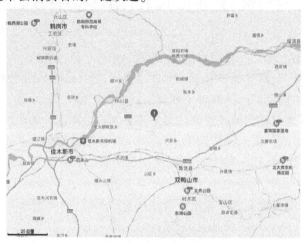

图 8-1　宝山农场位置

项目组研发了地下水位监测设备,在宝山农场安装了 8 套,对地下水进行了连续监测。收集了三江平原的水文地质资料及宝山农场地下水监测资料,对宝山农场近 10 年的监测资料进行了分析,初步得到了宝山农场地下水位动态规律。具体如下所述。

1.地下水监控设备研发

地下水监测系统分为采集硬件系统与存储发布软件系统两部分,硬件系统用于地下水位数据收集及传输,软件部分用于数据存储及发布。系统结构见图 8-2。

数据采集硬件系统又包括了采集器和传感器两部分。目前,测量水位的传感器一般有三种:①浮球(浮筒)式液位传感器:由磁性浮球(浮筒)、测量导管、信号单元、电子单元、接线盒及安装件组成。磁性浮球(浮筒)的比重较小,可漂于液面之上并沿测量导管上下移动。导管内装有测量元件,它可以在外磁作用下将被测液位信号转换成正比

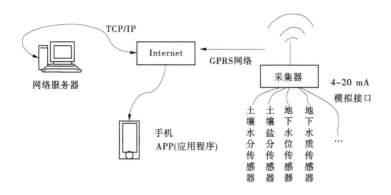

图 8-2　系统结构

于液位变化的电信号。②静压式液位传感器:是利用液体静压力的测量原理工作。一般选用硅压力测压传感器将测量到的压力转换成电信号,经电路放大和补偿后输出电信号。③非接触式:采用激光或超声波等非接触方式测量水面到传感器的距离,然后以电信号的方式输出。三类传感器中,第一类结构比较复杂,集成度不高;第三类中超声波法量程较小,激光法目前还没有比较方便的传感器;第二类压力传感器,目前市场上比较多,技术比较成熟,因此采集系统采用第二类压力传感器。

采集器的开发吸取了以往的经验教训,采用低功耗电路减小了整体设备尺寸,增加了续航能力(从目前的安装试验情况看,可续航 1 年左右),从而使产品小巧,安装方便。采用了 18650 锂电池,更换、充电方便。采用标准 4~20 mA 模拟接口,可根据不同试验要求,随意更换各种传感器(土壤水分、盐分、温度,空气湿度,日照强度,风速,地下水位、水质等)。产品的技术指标如下:

(1)运行环境温度:−20~ 70 ℃。

(2)电压采集范围:0~10 V,采集精度:±0.1%。

(3)电流采集范围:4~20 mA,采集精度:±0.1%。

(4)RS485 接口适用范围:波特率 9 600~115 200 bit/s。

(5)CAN 接口适用范围:传输速率 250 kbps~1 Mbps。

(6)标准通信方式:GPRS 无线通信+USB 串口通信。

(7)采集间隔:1 min~24 h。

(8)供电方式:内置充电电池供电／外接太阳能供电。

2.采集器特性

1)具有强大的数据采集能力

物联网智能数据采集系统可以直接采集模拟类型电流信号传感器、电压信号传感器的信号,可以直接采集目前市面上绝大多数不同信号类型的传感器数据,并且留有 RS485 和 CAN 总线数据接口,方便与其他数字类型传感器对接。内置了 MODBUS 工业现场的总线协议,必要时可扩展接口功能实验与 PLC 等控制设备的互联互通。与美国 Decagon 公司生产的 EM50 相比,所挂载传感器的类型更加多样。不仅可以连接土壤检测传感器,而且可以实现与多种设备例如气象站数据、水文站数据等互联互通。

物联网智能数据采集系统留有 5 个测量端口,一次可同时测量 5 个不同类型的传感器,通过不同传感器的挂接组合,可以同时提供土壤各个要素的多种信息。

2)具有先进的功能扩展及组网能力

物联网智能数据采集系统采集器系统留有丰富的接口、模块化的设计,能够根据所需灵活扩展功能,如激光测距模块、GPS 模块、六轴加速度计模块等。其通信也采用模块设计,标准配置采用公网的 GPRS 实现组网和数据传输,但在需要的情况下可以通过更换不同的通信模块,实现多种组网方式。物联网智能数据采集系统支持 zigbee、lora 等多种模块,能够利用 zigbee 模块、lora 模块组成本地局域网,由一个公网信号最好的主站进行统一采集,打包上传,实现数据接力,从而节省了数据流量。与东方生态公司生产的"智墒"土壤水分采集系统相比,物联网智能数据采集系统更加适用于山区、戈壁等公网信号覆盖不好的地方。

3)先进的数据分析和保障能力

物联网智能数据采集系统软件系统是一个开放的平台。采集器将测量的数据传送至云端服务器,服务器以微信、网页、手机 APP(应用程序)等形式展现给用户。服务器数据可以与分析软件连接,实现多元信息融合分析。与东方生态公司生产的"智墒"土壤水分采集系统相比,物联网智能数据采集系统支持用户订制,用户能根据自己的需求订制数据分析处理方法。

物联网智能数据采集系统设置简便,智能采集器可以通过 USB 接口进行各种参数的设置和数据下载。采集器中内置大容量的 SD 卡,可连续存储一年以上的各种数据,能够可靠保证数据安全。

3. 软件系统

数据采集完成后,经 GPRS 网络发送到服务器,服务器直接推送到手机,可以随时查看,手机界面如图 8-3 所示。

图 8-3　手机 APP 界面

4. 地下水监控设备安装布置

作者在 4 月对宝山农场地下水情况进行了调查、测量,选择了地下水监测井,7 月在选定的 8 口监测井上安装了监测设备,监测井分布如图 8-4 所示。设备安装位置如表 8-1 所示。设备现场安装如图 8-5 所示。

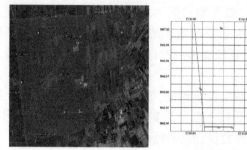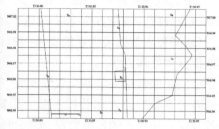

图 8-4　监测井分布

表 8-1　设备安装位置

设备号	E(°)	N(°)	H(井口)(m)	传感器高程(m)
1	130.927 603	46.973 034	73.16	68.03
2	130.877 734	46.939 849	74.09	67.60
3	130.860 070	46.938 422	74.52	67.62
4	130.876 033	46.992 618	72.53	66.86
5	130.878 784	46.960 935	72.69	67.04
6	130.927 177	47.001 105	72.18	66.34
7	130.808 700	46.961 497	73.36	67.56
9	130.828 417	47.000 407	72.29	66.51

5.宝山农场 2017 年地下水动态

作者在 4 月测量了地下水位分布,并绘制了地下水位等值线图,如图 8-6 所示。

对选定的 8 个监测点进行了连续的监测,监测数据如图 8-7、图 8-8 所示。

从图 8-7 中可以看出灌水后水位普遍下降,8 月中旬因为降雨补给的原因,地下水位有所上升,8 月下旬灌溉时水位又有下降过程,灌溉停止后地下水位开始恢复,到 10 月左右趋于平稳。从图 8-8 中可以看出,10 月 25 日地下水位比 4 月 14 日低 0.5~1.0 m,在(11 月到次年 4

图 8-5　设备现场安装

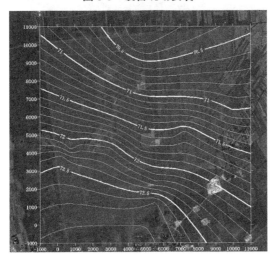

图 8-6　4 月 14 日地下水位等值线图

月)5 个月的时间里,无灌溉用水,地下水位会恢复到灌溉前的水平。

6. 宝山农场历史资料分析

宝山农场从 1970 年建场开始就使用地下水灌溉,1992 年开始从旱田改为水田,项目组收集了农场 3 队 1997 年 1 月到 2007 年 7 月的地下水监测数据,地下水位与降雨如图 8-9 所示。

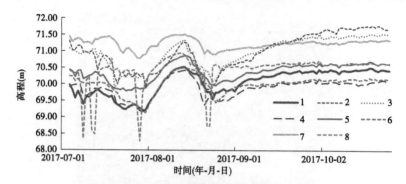

图 8-7 2017 年监测井水位变化过程

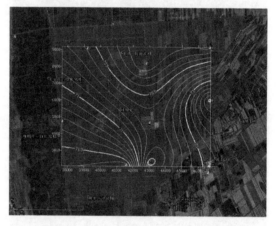

图 8-8 10 月 25 日地下水位等值线图

对宝山地下水过程使用 R/S 分析法进行趋势分析,得出宝山农场的地下水动态规律。

对于一个时间序列 $\{x_t\}$,把它分成 N 个长度为 A 的等长子区间,对于每一个子区间,设:

$$x_{t,N} = \sum_{u=1}^{A} (x_u - M_N) \tag{8-1}$$

式中:M_N 为第 n 个区间 x_u 的平均值;$X_{t,n}$ 为第 n 个区间的累计离差。令:

$$R = \max(X_{t,n}) - \min(X_{t,n}) \tag{8-2}$$

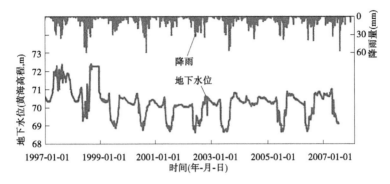

图 8-9　宝山农场 3 队地下水位过程（1997~2007）

　　若以 S 表示 x_u 序列的标准差，则可定义重标极差 R/S，它随时间而增加。Hurst 通过长时间的实践总结，建立了如下关系：

$$R/S = K(n)^H \tag{8-3}$$

对式（8-3）两边取对数，得到式（8-4）：

$$\lg(R/S)_n = H\lg n + \lg K \tag{8-4}$$

　　因此，对 $\lg n$ 和 $\lg(R/S)_n$ 进行最小二乘回归就可以估计出 H 的值。

　　在对周期循环长度进行估计时，可用 V_n 统计量，它最初是 Hurst 用来检验稳定性，后来用来估计周期的长度。

$$V_n = (R/S)_n / \sqrt{n} \tag{8-5}$$

　　计算 H 值和 V_n 的目的是分析时间序列的统计特性。Hurst 指数可衡量一个时间序列的统计相关性。当 $H=0.5$ 时，时间序列就是标准的随机过程。当 $0.5<H<1$ 时，存在状态持续性，时间序列是一个持久性的或趋势增强的序列。当 $0<H<0.5$ 时，时间序列是反持久性的或逆状态持续性的，这时候，若序列在前一个期间向上走，那么下一期多半向下走。

　　对上文 3 队的数据进行计算，可得到 R/S 序列，如图 8-10 所示。经最小二乘法回归，可得 $H=0.6059$。这说明序列未来变化过程与过去一致，地下水位不会发生突变。这一点可以用今年 4 月的地下水位调查数据进行验证。即经过 1992 年到 2007 年再到 2017 年这 25 年的水田提水灌溉,地下水位并未发生突变,也没有持续下降,说明使用地下水灌溉水稻不会发生大面积地下水漏斗。

从水文地质条件看,宝山农场地处三江平原上游,南部临山,有较好的地下水侧向补给条件,所以地下水位可以保持采补平衡。

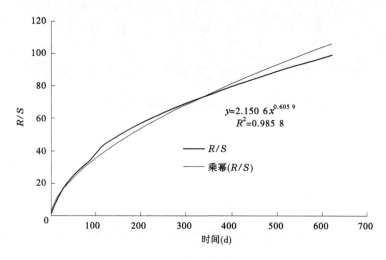

图 8-10　宝山农场的地下水动态规律

第9章　信息化技术在华北
井灌区中的应用

　　灌区的信息化建设是水利信息化建设的重要构成部分,是灌区现代化的根本和标志。灌区信息化即利用先进的手段和技术对数据进行收集、传输和管理,使水资源得到合理的调度以及及时、准确的分析和预测,成为一个以提高灌区管理效率和用水效率为目的的管理信息系统。其中,信息采集系统是非常重要的组成部分,也是灌区信息化的基础。开发稳定可靠高效的信息采集系统,可以对灌区信息化发展起到重要的支撑和推动作用。

　　1. 系统概述

　　系统把传统的看天、看地、看庄稼的方法信息化(数据化),把田间多元信息输入到灌溉智能决策系统,根据决策结果可以更真实可靠地指导灌溉。系统监测数据包括土壤水分、作物生长及气象等信息。灌溉智能决策系统结构见图9-1。

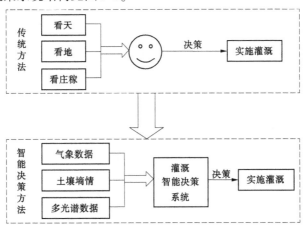

图9-1　灌溉智能决策系统结构

2. 土壤水分信息

使用自助研发的采集器加土壤水分传感器进行土壤水分采集,每个土壤水分采集器进行定点多层(1~5层)土壤水分状态监测,土壤水分采集器分布及埋设如图9-2所示。

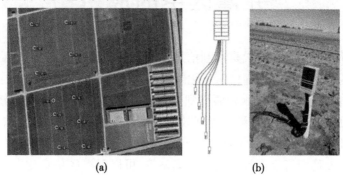

(a)　　　　　　　　　　(b)

图9-2　土壤水分传感器

3. 作物生长信息

根据农田多光谱监测特点,开发了农田多光谱监测系统,包括多光谱监测相机(相机)及多光谱监测分析软件,如图9-3~图9-5所示。系统可以根据多光谱监测数据计算农田作物的 NDVI 分布情况,进而判断作物生长状态。

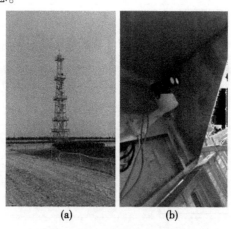

(a)　　　　　(b)

图9-3　多光谱监测系统相机

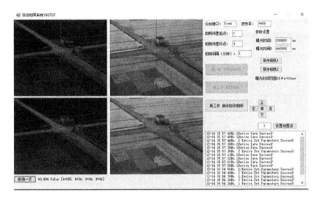

图 9-4　多光谱监测系统软件

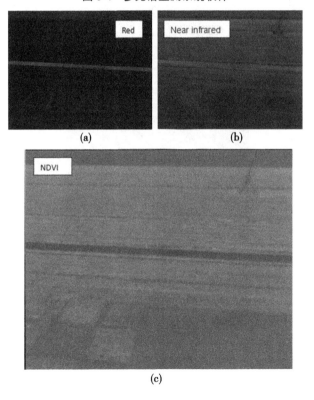

图 9-5　多光谱监测数据

4. 气象信息

使用自主研发的采集器+气象传感器得到了农田气象信息采集系统,系统可以监测光照、空气温湿度、风速、风向等数据。软件系统可计算出 ET_0(蒸发信息),并预估土壤计划湿润层的总储水量,过程如图 9-6~图 9-8 所示。

图 9-6　室外环境监测

5. 农田监测及灌溉预报软件系统

农田监测及灌溉预报软件(见图 4-8)可对各监测点的数据进行下载、存储、查看及处理,还可以根据多源数据对土壤水分进行反演、预测。

通过融合土壤水分定点监测数据、气象数据(可计算 ET_0 及 ET_c)及 $NDVI$ 数据,可以得到区域的土壤水分分布,如图 9-9 所示。

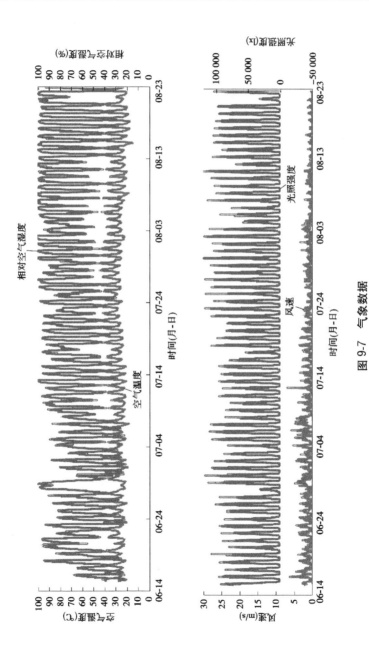

图 9-7　气象数据

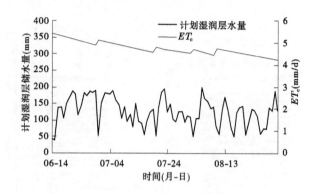

图 9-8 预估土壤储水量过程

裸地 18% 32%

图 9-9 土壤水分分布

参 考 文 献

[1]韩振中.我国灌溉发展历程与新时代发展对策[J].中国农村水利水电,2020 (3):1-3.

[2]程杨,唐维超,唐谦,等.基于物联网云平台的柑橘智慧服务系统设计与功能 实现[J].南方农业,2021,15(7):47-51,61.

[3]张万顺,王浩.流域水环境水生态智慧化管理云平台及应用[J].水利学报, 2021,52(2):142-149.

[4]智慧农民云平台移动客户端——知农[J].基层农技推广,2021,9(1):127.

[5]刘勃妮,王丽,王威,等.基于物联网和云平台的智慧温室监测系统构建[J]. 微型电脑应用,2021,37(4):1-3.

[6]宋俊慷,黄秀梅,杨秀增.EDP协议在物联网智慧农业监测中的应用[J].农 业开发与装备,2021,231(3):56-58.

[7]胡实,谢小立,王凯荣.覆被对桔园旱季土壤水分变化和利用的影响[J].生态 学报,2009,29(2):976-983.

[8]Zhang Q T, Ma J, Li L, et al. Water vapour adsorption underrice-straw and gravel mulch in lysimeters[J]. Journal of Food Agriculture& Environment, 2012, 10(1): 949.

[9]高飞,贾志宽,韩清芳,等.秸秆覆盖量对土壤水分利用及春玉米产量的影响 [J].干旱地区农业研究,2012,30(1):104-112.

[10]Balwinder-Singh, Eberbach P L, Humphreys E, et al. The effect of rice straw mulch on evapotranspiration, transpiration and soil evaporation of irrigated wheat in Punjab, India [J]. Agricultural Water Management, 2011, 98 (12): 1847-1855.

[11]国务院办公厅关于印发国家农业节水纲要(2012—2020年)的通知.中华人 民共和国水利部公报,2012-11-15.

[12]卫建礼.山西省苹果园灌溉现状、问题及建议[J].山西果树,2011,(4): 31-33.

[13]中华人民共和国建设部,中华人民共和国国家质量监督检验检疫总局.喷灌 工程技术规范:GB/T 50085—2007[S].北京:中国计划出版社,2002.

[14]中华人民共和国住房和城乡建设部,中华人民共和国国家质量监督检验检疫总局.节水灌溉工程技术规范:GB/T 50363—2018.[S].北京:中国计划出版社,2018.

[15]赵木林,阮清波.加快高效节水灌溉规模化建设支撑广西特色农业可持续发展[J].节水灌溉,2011,(9):14-17.

[16]何淑媛,方国华.农业节水综合效益评价模型研究[J].水利经济,2008,(03):62-66,70,78.

[17]罗金耀.喷微灌节水灌溉综合评价指标体系与指标估价方法[J].节水灌溉,1997(1):15-19.

[18]侯维东.井灌节水项目综合评价模型及其应用[J].河海大学学报,2000(5):90-94.

[19]路振广.节水灌溉工程综合评价指标体系与定性指标量化方法[J].灌溉排水,2001(1):55-59.

[20]周华荣.新疆生态环境质量评价指标体系研究[J].中国环境科学,2000(2):150-153.

[21]苏为华.论统计指标测验[J].统计研究,1993(6):57-59.

[22]徐艳杰.基于可拓学的设备运行状态诊断系统设计[D].长春:吉林大学,2011.

[23]李远远,云俊.多属性综合评价指标体系理论综述[J].武汉理工大学学报(信息与管理工程版),2009,31(2):305-309.

[24]邱东.多指标综合评价方法的系统分析[M].北京:中国统计出版社,1991.

[25]王硕平.用数学方法选择社会经济指标[J].统计研究,1996(6):38-44.

[26]刘渝妍,刘渝琳.基于UML与灰色理论的指标体系构建[J].统计与决策,2008(15):16-19.

[27]杨振华,陈小宝,王煌,等.湖北省小型农田水利工程绩效评价的指标体系研究[J].中国农村水利水电,2013(11):172-174,178.

[28]John dewey. Valuation and Experimental Knowledge[J]. The Philosophical Review,1922,31(4):325-351.

[29]John dewey. The Objects of Valuation[J]. The Journal of Philosophy,Psychology and scientific methods,1918,15(10):253-258.

[30]王岳能,苏为华.经济效益综合评价方法研究[M].杭州:杭州大学出版社,1997.

[31]Feyerabend P. Problems of empiricism:Volume2:Philosethical papers[M]. Cam-

bridge：Cambridge University Press，1985.

[32]陈世清.对称经济学[M].北京：中国时代经济出版社，2010.

[33]谭劲松.关于中国管理学科定位的讨论[J].管理世界，2006(2)：71-79.

[34]谭劲松.关于管理研究及其理论和方法的讨论[J].管理科学学报，2008，11
(2)：145-152.

[35]邱东.多指标综合评价方法的系统分析[J].财经问题研究，1988(9)：51-57.

[36]徐绍涵.基于熵值法的县级城市土地集约利用评价[D].长沙：湖南农业大
学，2011.

[37]张瑶，孙欣.安徽省生态文明的综合评价与实证分析[J].荆楚理工学院学
报，2016，31(6)：77-85.

[38]黄修桥.灌溉用水需求分析与节水灌溉发展研究[D].杨凌：西北农林科技大
学，2005.

[39]何淑媛.农业节水综合效益评价指标体系与评估方法研究[D].南京：河海大
学，2005.

[40]白丹，李占斌.应用遗传算法拟合浑水入渗经验公式[J].农业工程学报，
2003(3)：76-79.

[41]白丹，李占斌，洪小康.浑水入渗规律试验研究[J].水土保持学报，1999
(1)：59.

[42]白美健，李益农，涂书芳，等.畦灌关口时间优化改善灌水质量分析[J].农
业工程学报，2016(2)：105-110.

[43]白美健，许迪，李益农，等.畦灌撒施与液施硫酸铵地表水流和土壤中氮素
时空分布特征[J].农业工程学报，2011(8)：19-24.

[44]白寅祯，魏占民，张健，等.基于WinSRFR软件的河套灌区水平畦田规格的
优化[J].排灌机械工程学报，2016(9)：823-828.

[45]卞艳丽，曹惠提，常志富.不同泥沙级配浑水灌溉下土壤水分增长特性及成
因分析[J].节水灌溉，2015(10)：12-18.

[46]卞艳丽，曹惠提，张会敏，等.泥沙级配对浑水灌溉下土壤水分增长过程的
影响分析[J].节水灌溉，2016(7)：23-30.

[47]曹惠提，卞艳丽，张会敏，等.浑水灌溉下土壤水分变化研究[J].节水灌溉，
2013(8)：1-6.

[48]陈博，欧阳竹，刘恩民，等.不同畦面结构下地面灌溉效果的对比分析[J].
农业工程学报，2010(11)：30-36.

[49]陈丕虎，刘明霞.位山引黄灌区泥沙处理及利用的实践[C]//黄河水利科学研

究院.第六届全国泥沙基本理论研究学术讨论会论文集.郑州:黄河水利出版社:1086-1090.

[50]陈英燕,赵惠林.改进颗粒平均粒径计算方法的讨论[J].泥沙研究,1997(3):91-96.

[51]程秀文,尚红霞,陈发中,等.黄河下游引黄灌溉中的泥沙处理利用[J].泥沙研究,2000(4):10-14.

[52]费良军,王文焰.浑水波涌畦灌技术要素试验研究[J].人民黄河,1998(6):24-25.

[53]费良军,王文焰.浑水波涌畦灌特性试验研究[J].西安理工大学学报,1998(4):13-18.

[54]费良军,王文焰.浑水间歇入渗模型研究[J].水利学报,1999(2):41-44.

[55]费良军,王文焰.由波涌畦灌灌水资料推求土壤入渗参数和减渗率系数[J].水利学报,1999(8):27-30.

[56]费良军,王云涛.波涌畦灌灌水技术要素的优化组合研究[J].水利学报,1996(12):16-22.

[57]费良军,王云涛,魏小抗.波涌畦灌水流运动的零惯量数值模拟[J].水利学报,1995,26(8):83-89.

[58]费良军,王文焰.浑水波涌畦灌田面沉积泥沙沿畦长分布规律试验研究[J].西安理工大学学报,1999:37-41.

[59]高鹭,陈素英,胡春胜,等.喷灌条件下农田土壤水分的空间变异性研究[J].地理科学进展,2002(6):609-615.

[60]郭相平,林性粹.水平畦灌设计理论的研究进展[J].水利水电科技进展,1996,16(5):1-3.

[61]黄修桥,高峰,王宪杰.节水灌溉与21世纪水资源的持续利用[J].灌溉排水,2001(3):1-5.

[62]贾大林.关于黄河流域农业节水问题[J].灌溉排水,1999(3):1-3.

[63]金同轨,陈保平,梁春华,等.黄河水浊度与含沙量、泥沙粒度之间的关系[J].中国给水排水,1989(1):10-13,2-3.

[64]李建文.畦灌灌水过程模拟与灌水参数优化研究[D].太原:太原理工大学,2014.

[65]李益农,许迪,李福祥.田面平整精度对畦灌系统性能影响的模拟分析[J].农业工程学报,2001(4):43-48.

[66]李益农,许迪,李福祥.田面平整精度对畦灌性能和作物产量影响的试验研

究[J].水利学报,2000(12):82-87.

[67]李益农,许迪,李福祥.影响水平畦田灌溉质量的灌水技术要素分析[J].灌溉排水,2001(4):10-14.

[68]李益农,许迪,李福祥.田面平整精度对畦灌系统性能影响的模拟分析[J].农业工程学报,2001,17(7):43-48.

[69]李援农.浑水灌溉禁锢土壤空气压力影响的研究[J].干旱地区农业研究,2003(1):91-93.

[70]李志新,许迪,李益农,等.畦灌施肥地表水流与非饱和土壤水流-溶质运移集成模拟Ⅲ:模型应用[J].水利学报,2011(3):271-277.

[71]刘春晖.尊村引黄泥沙处理技术研究[J].山西水利,2008:75-78.

[72]刘洪禄,杨培岭.畦灌田面行水流动的模型与模拟[J].中国农业大学学报,1997(4):66-72.

[73]卢红伟,王延贵,史红玲,等.引黄灌区水沙资源配置技术的研究[J].水利学报,2012(12):1405-1412.

[74]毛伟兵,傅建国,孙玉霞,等.引黄泥沙对小开河灌区土壤理化性状的影响[J].人民黄河,2009(8):66-68.

[75]聂卫波,费良军,马孝义.畦灌地表储水形状系数的变化规律[J].农业工程学报,2011(2):33-37.

[76]聂卫波,费良军,马孝义.畦灌灌水技术要素组合优化[J].农业机械学报,2012,43(1):83-88,107.

[77]聂卫波,马孝义,康银红.基于畦灌水流推进过程推求田面平均糙率的简化解析模型[J].应用基础与工程科学学报,2007(4):489-495.

[78]聂卫波,马孝义,幸定武,等.基于水量平衡原理的畦灌水流推进简化解析模型研究[J].农业工程学报,2007(1):82-85.

[79]牛占,和瑞莉,吉俊峰.激光粒度分析仪测试黄河泥沙粒度的精度试验[J].人民黄河,2007(5):72-73.

[80]任印国,魏永强.使用 Surfer 软件绘制地质图件和处理地质数据的方法[J].测绘技术装备,2006(1):34-36.

[81]邵明安,王全九,黄明斌.土壤物理学[M].北京:高等教育出版社,2006.

[82]邵明辉,李银芳.应用 SURFER 软件绘制土壤湿度时间等值线图的方法[J].干旱区农业研究,1996(2):63-68.

[83]邵晓梅,严昌荣.黄河流域半湿润偏旱区土壤水分动态变化规律研究[J].干旱地区农业研究,2006(2):91-95.

[84]邵晓梅,严昌荣.陇中黄土高原丘陵沟壑区土壤水分动态变化分析[J].水土保持研究,2006(4):243-245.

[85]史学斌,马孝义,党恩魁,等.地面灌溉水流运动数值模拟研究述评[J].干旱地区农业研究,2005(6):191-197.

[86]史学斌,马孝义,李恺.畦灌水流运动规律与合理灌水技术要素组合研究[J].水利学报,2005(增):360-365.中国科协2005学术年会,中国新疆乌鲁木齐,2005.

[87]史学斌,马孝义.关中西部畦灌优化灌水技术要素组合的初步研究[J].灌溉排水学报,2005(2):39-43.

[88]舒安平.水流挟沙力公式的验证与评述[J].人民黄河,1993(1):7-9.

[89]宋铁岭,周文治.三义寨引黄灌区泥沙农田化技术研究成果简介[J].人民黄河,2000(6):44-45.

[90]孙秀路,黄修桥,李金山,等.波涌灌溉土壤水氮分布的田间试验研究[J].灌溉排水学报,2015(1):33-38.

[91]孙杨,刘淑慧,赵辉.滴灌条件下不同种植方式水盐运移研究[J].节水灌溉,2015(12):52-54.

[92]孙玉霞,杨芸,李妮,等.小开河灌区引黄入田泥沙的土壤环境效应[J].中国农村水利水电,2010(3):51-54.

[93]王昌杰.河流动力学[M].北京:人民交通出版社,2001.

[94]王建,白世彪,陈晔.Surfer8地理信息系统制图[M].北京:中国地图出版社,2004.

[95]王全九,王文焰,邵明安,等.浑水入渗机制及模拟模型研究[J].农业工程学报,1999(1):141-144.

[96]王帅,孙晓琴,周鹏,等.东营引黄灌区波涌灌溉对田间泥沙运移影响研究[J].中国农村水利水电,2016(10):77-79.

[97]王文焰,张建丰,王全九,等.黄土浑水入渗能力的试验研究[J].水土保持学报,1994(1):59-62.

[98]王文焰.波涌灌溉试验研究与应用[M].西安:西北工业大学出版社,1994.

[99]王延贵,李希霞.典型引黄灌区水沙分布及特点[J].泥沙研究,1997(6):41-45.

[100]吴程,胡顺军,赵成义.塔里木灌区膜下滴灌棉田土壤水分动态与耗水特性[J].节水灌溉,2016(2):14-17.

[101]杨路华,刘玉春,柴春玲,等.应用Surfer软件进行喷(微)灌均匀度分析

[J].节水灌溉, 2004(5):14-16.

[102]杨素宜,樊贵盛.浑水入渗的基本特性研究[J].太原理工大学学报, 2006 (2):218-221.

[103]姚欣,李金山,黄修桥,等.引黄畦灌田间水沙分布规律[J].农业工程学报, 2016,32(18):147-152.

[104]王延贵,胡春宏.引黄灌区水沙综合利用及渠首治理[J].泥沙研究,2000 (2):39-43.

[105]张瑞瑾.河流泥沙动力学[M].北京:中国水利水电出版社,1998.

[106]章少辉, 许迪, 李益农, 等. 一维畦灌施肥地表水流与溶质运移耦合模型——Ⅰ.模型建立[J].水科学进展, 2011(2):189-195.

[107]章少辉, 许迪, 李益农, 等. 一维畦灌施肥地表水流与溶质运移耦合模型——Ⅱ.模型验证[J].水科学进展, 2011(2):196-202.

[108]赵荣军,和向丽.Surfer 在地球化学图制图中的应用[J].物探与化探,2004 (2):76-78.

[109]赵银亮, 宋华力, 毛艳艳.黄河流域粮食安全及水资源保障对策研究[J].人民黄河, 2011(11):47-49.

[110]中华人民共和国建设部,中华人民共和国国家质量监督检验检疫总局.土的工程分类标准:GB/T 50145—2007[S].北京:中国计划出版社,2008.

[111]中华人民共和国水利部.地面灌溉工程技术管理规程:SL 558—2011[S].北京:中国水利水电出版社,2011.

[112]Dawit Z, Jan F Mohan R. Sensitivity analysis of a furrow-irrigation performance parameters[J].Journal of Irrigation and Dra,1996,122(1):49-57.

[113]Fang X Yu,Singh V P. Analytical model for border irrigation[J].Journal of Irrig. and Drain. Eng ASCE, 1989, 115(6): 982-999.

[114]Fariborz A,Mohammad S,Jan F. Evaluation of various surface irrigation numerical simulation models [J].Journal of Irrig.

[115]Holzapfel E A. Performance irrigation parameters and their relation ship to surface irrigation deasign variables and yield [J].Agricultural water management,1985, 10(2):159-174.

[116]Gilfedderm, Connell LD, Mein RG. Border irrigation field experiment I: Water Balance [J].Journal of Irrig. and Drain,2000,126(2):85-91.

[117]Oweis T Y. Surge flow irrigation hydraulics with zero-inertia[D].Thesis of Uath State University at Logan Uath,1983.

[118]Schmitz G H and Gunther J S. Mathematical zero-inertia modeling of surface irrigation: Advanced in Borders [J]. Journal of Irrig and Drain. Eng, ASCE, 1990, 116(5): 603-615.

[119]Sherman B, Singh V P. A kinematic model for surface irrigation: an extension[J]. Water Resour. Res, 1982 ,18(3), 659-667.

[120]Singh V, Murty S B. Complete hydrodynamic border-strip irrigation model[J]. Journal of Irrig. and Drain. Eng, ASCE, 1996, 122(4):189-197.

[121]Singh V P, Prasad S N. Derivation of the mean depth in the Lewis - Milne equation for border irrigation [J]. Proc. Specialty Conf. in Advances in Irrig. and Drain, 1983, 7:20-22, 242-249.

[122]Strelkoff T, Katapodes N D. Border irrigation hydraulics using zero inertia[J]. Journal of Irrig. and Drain. Eng, ASCE, 1977, 103(3):325-342.

[123]Strelkoff T, Tamimi A H, Clemmen A J. Two-dimensional basin flow with irregular bottom configuration[J]. Journal of Irrig. and Drain. Eng. ASCE, 2003, 129 (6):391-401.

[124]Valiantzas J D. Border advance using improved vol-umebalance[J]. Journal of Irrig. and Drain. Eng, ASCE, 1993, 119(6): 1006-1013.

[125]Walker W R, Skogerboe G V. Surface irrigation theory and practice[M]. Prentice-Hall, Englewood Cliffs, NJ, 1987.